普通高等院校计算机基础教育“十四五”规划教材
以培养创新能力为核心的信息技术基础系列教材

C语言程序设计

C YUYAN CHENGXU SHEJI

陈强　黄容　赵毅　主编

中国铁道出版社有限公司
CHINA RAILWAY PUBLISHING HOUSE CO., LTD.

内 容 简 介

本书是一本适合卓越工程师计划、新工科建设的C语言程序设计教材，以实用技能为核心、以动手能力为突破点、以程序设计思想的掌握为主线、以编程应用为驱动。通过案例和问题引入内容，由浅入深，旨在训练学生的编程思想，提高学生应用C语言的能力，达到提升计算思维能力的目的。

全书共11章，各章都配有大量的例题解析和多种形式、分层次的习题，从多角度检验学生的知识掌握程度：填空题和选择题检验C语言语法基础知识的掌握程度；程序题检验学生对程序的理解程度；编程题检验学生动手编程的能力。

本书适合作为高等院校C语言程序设计课程的教学用书，也可以作为计算机等级考试人员以及各种程序设计培训班学员的参考书。

图书在版编目（CIP）数据

C语言程序设计/陈强，黄容，赵毅主编. —北京：中国铁道出版社有限公司，2021.11（2023.12 重印）
普通高等院校计算机基础教育“十四五”规划教材
ISBN 978-7-113-28409-1

Ⅰ. ①C… Ⅱ. ①陈…②黄…③赵… Ⅲ.①C语言-程序设计-高等学校-教材 Ⅳ.①TP312.8

中国版本图书馆CIP数据核字（2021）第196350号

书 名：C语言程序设计
作 者：陈 强 黄 容 赵 毅

策 划：曹莉群　　编辑部电话：（010）51873202
责任编辑：刘丽丽 李学敏
封面设计：刘 颖
责任校对：苗 丹
责任印制：樊启鹏

出版发行：中国铁道出版社有限公司（100054，北京市西城区右安门西街8号）
网 址：http://www.tdpress.com/51eds/
印 刷：三河市兴博印务有限公司
版 次：2021年11月第1版 2023年12月第2次印刷
开 本：787 mm×1 092 mm 1/16 印张：14.25 字数：354千
书 号：ISBN 978-7-113-28409-1
定 价：39.80元

前 言

大数据、人工智能推动数字经济的大发展，应用型高校以培养计算思维+专业应用的新工科人才为己任。计算思维能力体现在数据的“符号化”表达与流程“自动化”处理两个方面。大学计算机培养学生符号化数据表达能力，程序设计课程培养学生的自动化处理能力。

C 语言由于其卓越的优点，在国内外得到了广泛的应用，几乎所有的理工科大学都开设了“C 语言程序设计”这门公共基础课，通过学习这门课程使学生掌握程序设计的基本方法并逐步形成正确的程序设计思想，能够使用 C 语言进行程序设计并具备调试程序的能力，为后继课程及其他程序设计课程的学习和应用打下基础。

在多年非计算机专业的计算机系列课程教学工作中，我们深切地感到多数学生总停留在“学会 C 语言的基本语法、理论，编写简单的 C 语言程序，通过书面考试”的水平上；并且，虽然目前介绍 C 语言的教材很多，但大多是围绕编程语言本身的体系展开，以讲解语言知识为主，特别是语法知识，辅以一些编程技巧的介绍，不利于培养学生的计算思维能力与工程应用能力。

上海工程技术大学作为首批“卓越工程师教育培养计划”试点的本科专业单位及新工科建设地方高校的牵头单位之一，要求培养具备大学本科基础知识，并有一定的实践能力与应用能力的高级技术人才，强化工程能力和创新能力。卓越工程师计划旨在培养掌握实际操作技能、能为企业创造更多实际价值的人才。因此，C 语言程序设计课程的教学重点应该是培养学生的实际编程能力，提高计算思维+专业应用的能力。教材也要以程序设计为中心来组织内容，学生必须通过大量的编程训练，在实践中掌握语言知识，培养程序设计的基本能力，并逐步理解和掌握程序设计的思想和方法，提高学生的计算思维能力与信息素养。

在多年非计算机专业的 C 语言程序设计课程教学工作中，我们深切地感到这门课要不断改革，让学生爱听、爱学，还要充分体现这门课程的重要性和实用性，让学生能够学有所用、学以致用，体会计算思维的方法论与理念，促进自己的专业学习，促进新工科建设。基于此，我们编写了这本《C 语言程序设计》。本书以程序设计思想的掌握为主线，以编程应用为驱动，通过案例和问题引入内容，由浅入深，重点训练学生的编程思想，提高学生应用 C 语言的能力，达到提升计算思维能力的目的。

本书与同类教材相比，具有以下特点：

（1）是一本适合卓越工程师计划、新工科建设的 C 语言程序设计教材

一般 C 语言程序设计课程课时为 64 学时或者更多，但现在教学改革，课时基本在减少，48 学时的计划安排也比较多。本书为重应用、少学时的灵活教材，需要分清重点、难点。我们将顺序、选择、循环三种结构，一维数组、函数、指针作为重点内容；简单介绍用户自定义类型、宏定义、文件和语法；并且强调实践编程能力，重应用、轻语法。学生可参考其他参考书，或者利用本书配套 MOOC 资源。

（2）以实用技能为核心

工程应用型大学重点要培养学生的实际工程技能和创新能力。因此，本书不是一本介绍语法的书，而是帮助学生通过大量实例了解怎么设计和运用算法，怎样用语言工具和编程环境去实现编程，从而处理实际问题。在教材编写上，我们不求语法面面俱到，而是结合工程需求，以实用技能为核心，重点讲解在实际编程中经常使用的一些核心技术，对于其他语法内容则少讲或不讲，需要的可以参考附录或者其他参考书。

与传统的教材编排方式不同，在基本遵循 C 语言教学体系的情况下，本书将所有教学内容用例题组织。即根据要介绍的内容精心编写相应的例题，将大量正确、规范的程序介绍给学生，在讲解例题的过程中，使学生学习语法、了解概念、掌握算法。

（3）以动手能力为突破点

按传统教材的教学方式，很多学生 C 语言语法学得很好，但却不会编程。在书的结构设计上，强调实践和动手能力，使学生从第 1 堂课起就练习编程，并贯穿始终：从模仿程序到改写程序，最后自己编写程序。在教材编写和教学过程中，都要求学生“动手、动手、再动手”，要让学生敢于编码、乐于编码、大量编码，不要把学习重点放在语法规则上，而是要提高动手能力，提高实际编程经验。

（4）多形式、分层次的练习题目

为了鼓励学生多思考、多练习、多动手，提高学生的学习效果，本书各章都配有大量的例题解析和多形式、分层次的习题。为了满足不同层次学生的学习需要，编程题也层次多样：有些题目难度较低，学生根据本章节讲解的知识点就可以轻松完成；有些题目难度加大，要求学生认真思考、调试才能完成；还有些题目难度更大，一般为综合运用题，要求学生综合所学的知识，从多个知识点和角度考虑，是对于学有余力的学生提出的思考题，能够充分提高学生的编程能力，锻炼学生的工程能力和创新能力，鼓励学生利用 C 语言知识解决专业的具体问题。

全书共 11 章。第 1 章 C 语言概述：介绍 C 语言的特点和实现过程；第 2 章用 C 语言编写简单程序：从实例出发，简单介绍顺序、选择和循环 3 种控制结构的初步使用，以及在实例程序中用到的语言知识；第 3 章选择结构程序设计：讲解选择结构程序设计的思路和方法；第 4 章循环结构程序设计：讲解循环结构程序设计的思路和方法；第 5 章数据类型和表达式：介绍数据类型等一些语法知识；在初步学习了三种结构程序设计后的流程与算法设计；第 6 章数组：讲解数组的用法；第 7 章函数：讲解函数定义与调用；第 8 章指针及其应用：讲解指针的用法；第 9 章结构体、共用体和枚举类型：讲解自定义的数据类型及其用法；第 10 章宏定义与文件包含：讲解宏定义、文件包含与条件编译的用法；第 11 章文件：讲解文件的操作。

本书由陈强、黄容、赵毅任主编并负责统稿。教研室多位同事对本书的初稿进行了审阅，并提出了许多宝贵的修改意见。此外，本书的编写还得到了各级领导的关心和支持，在此一并表示感谢！

由于编者水平有限，书中难免有不妥之处，我们衷心希望得到广大读者的批评指正。

编　者

2021年5月

目　录

第1章 C语言概述

C 语言是一种计算机程序设计语言。它既具有高级语言的特点，又具有汇编语言的特点。它由美国贝尔研究所的 D.M.Ritchie 于 1972 年推出。1978 年后，C 语言已先后被移植到大、中、小及微型机上。它可以作为工作系统设计语言，编写系统应用程序，也可以作为应用程序设计语言，编写不依赖计算机硬件的应用程序。

熟练的编程技能是在不断的知识与经验积累的基础上发展起来的。初学编程的人一开始由于缺乏足够的语言知识和编程经验，对于很简单的问题往往也会感到无所适从，不知如何下手编写程序。本书建议你从一开始学习 C 语言起就要试着编写程序，可以先模仿教科书中的程序，试着改写它并逐步体会、循序渐进，直到会独立地编写程序，解决比较复杂的问题。

为了使读者能逐步从简单的模仿中体会程序设计的基本思想和方法，而不拘泥于具体的语法细节，本章将简要介绍程序设计语言的功能、语法要素、C 语言的特点。

1.1 一个 C 语言程序

为了让读者对 C 语言有一个最直观的认识和初步了解，首先看看下面这个程序。

例 1-1 求两数中的较大值：由用户输入两个整数，程序执行后输出其中较大的数。

源程序：

```
#include <stdio.h>                      /*编译预处理①*/
int main(void)                          /*主函数②*/
{
    int x,y,max;                        /*变量说明③*/
    printf("input two numbers:\n");     /*显示提示信息④*/
    scanf("%d%d",&x,&y);                /*输入 x,y 值⑤*/
    if(x>y)
        max = x;
    else
        max = y;                        /*根据条件确定 max 的值⑥*/
    printf("maxnum=%d\n",max);          /*输出⑦*/
    return 0;
}
```

程序运行结果：

```
输入: 4   6
输出: maxnum=6
```

本程序的功能是比较两个数，把较大的数赋给 max，然后将 max 的值输出到屏幕上。在程序的每行后用/*和*/括起来的内容为注释部分，程序不执行注释部分，以下是程序每个语句的详细说明：

① include 称为文件包含命令，表明程序要用到一些被包含文件中的功能，扩展名为.h 的文件称为头文件。

② main()是主函数的函数名，表示这是一个主函数。每一个 C 语言源程序都必须有且只能有一个主函数[main()函数]。

③ 定义三个整型变量来存储数据，以被后面程序使用。

④ printf()函数的功能是把要输出的内容送到显示器显示。printf()函数是一个由系统定义的标准函数，可在程序中直接调用。

⑤ scanf()函数的功能是从键盘获得相应变量的值，也是由系统定义的标准函数，可在程序中直接调用。

⑥ 比较 x、y 的大小，根据结果确定 max 存储 x 和 y 两者中的较大者。

⑦ 再次使用 printf()函数，其意义是按指定的格式输出 max 的值。

上例中程序的执行过程是：首先在屏幕上显示输入提示，请用户输入两个数，回车后由 scanf()函数语句接收这两个数送入变量 x,y 中，然后比较 x,y 的大小，把较大的值赋给变量 max，最后在屏幕上输出 max 的值。

由上面的程序我们可以看出：C 语言是一种结构化语言，它层次清晰，便于按模块化方式组织程序，接近于人的自然语言，可读性强，即使没有学习过，有些语句也可以用英语的思维望文生义。

1.2 计算机程序设计与程序设计语言

计算机程序（Program）是指为实现特定目标或解决特定问题而用计算机语言编写的命令序列的集合，简单来讲，就是用某种程序设计语言告诉计算机如何完成一个具体的任务。而程序设计语言就是人与计算机之间交换信息的工具，一方面，程序设计语言提供了表达数据和处理数据的功能；另一方面，编程人员必须按照规定的语法进行编程。

1.2.1 程序与指令

指令就是指挥计算机工作的指示和命令，程序就是一系列按一定顺序排列的指令。指令是计算机处理数据最基本的单元，一条指令只能完成一个最基本的功能，如加法运算、数据复制或者大小判别。虽然计算机指令所能完成的功能很基本，计算机系统所包含的指令的数量也有限，但一系列指令组合却能完成很复杂的功能。目前我们使用的计算机操作系统、各种办公软件，影音播放器和各种计算机游戏等都是由这些基本指令构成的。

假设一个计算机系统有以下 7 条基本指令，每条指令第一部分是指令名，第二部分是需要处理的数据。

指令 1：Input X，将当前输入数据存储到内存的 X 单元。

指令 2：Output X，将内存 X 单元的数据输出。

指令 3：Add X Y Z，将内存 X 单元的数据与 Y 单元的数据相加并将结果存储到 Z 单元。

指令 4：Sub X Y Z，将内存 X 单元的数据与 Y 单元的数据相减并将结果存储到 Z 单元。

指令 5：BranchEq X Y P，比较 X 与 Y，若相等则程序跳转到 P 处执行，否则继续执行下一条指令。

指令 6：Jump P，程序跳转到 P 处执行。

指令 7：Set X Y，将内存 Y 单元的值设为 X。

一般来说，计算机系统中是不含乘法操作这个基本指令的，所以要进行乘法操作必须用其他指令组合实现，下面就举例说明简单的指令进行不同组合就可以实现更复杂的功能。

例 1-2　输入 2 个数 A 和 B，求 A*B 的结果。

由基本指令构成的程序如下，每条指令均有一个编号，右侧用/*和*/括起来的内容为说明文字：

```
    1. Input A;             /*输入第 1 个数据到存储单元 A 中*/
    2. Input B;             /*输入第 2 个数据到存储单元 B 中*/
    3. Set 0 X;             /*将 X 设为 0，此处 X 用以统计 A 累加的次数*/
    4. Set 0 Z;             /*将 Z 设为 0，此处 Z 用以存放 A*B 的结果*/
    5. BranchEq X B 9;      /*判别 X 与 B 是否相等；若相等说明 A 已累加了 B 次，程序跳转到第 9 条指令，输出结果*/
    6. Add Z A Z;           /*Z=Z+A*/
    7. Add 1 X X;           /*X=X+1*/
    8. Jump 5;              /*程序跳转到第 5 条指令，继续循环执行第 6 条、第 7 条指令*/
    9. Output Z;            /*输出 Z 的值，该值等于 A*B*/
```

把 A 累加 B 次就可以得到 A*B 的结果，所以以上程序反复执行加法运算 Z = Z + A，执行的次数则由另一个乘数 B 来决定。头两条指令首先用 A 和 B 来存储这两个要相乘的数。第 4 条指令用 Z 来存放乘法运算的结果，初始值为 0。随后反复执行第 6 条指令，不断将 A 累加到 Z 上。累加的次数通过一个中间变量 X 来实现。第 3 条指令设 X 初始值为 0，随后每累加一次 A 就用第 7 条指令将 X 加 1，然后通过第 8 条指令跳转回到第 5 条指令，判断 X 是不是被累加了 B 次（实际上也就是 A 累加到 Z 上达到了 B 次）。若已达到就跳转到第 9 条指令，此时 Z 的值就是 A*B 的结果了，最后输出 Z 的值。

为什么程序一定要由计算机中的指令组成呢？一方面，通过制定计算机可直接实现的指令集使得程序在计算机中的执行变得简单，计算机硬件系统只要实现了指令就能方便地实现相应的程序；另一方面，需要计算机实现的任务成千上万，如果每一个任务都相对独立，与其他程序之间没有公共的内容，编程工作将十分困难。这就是计算机科学中很重要的一个概念——“重用”的体现。

如果程序设计直接用 0、1 序列的计算机指令来写，那将是一件难以忍受的事。所以，人们设计了程序设计语言，用这种语言来描述程序，同时应用一种软件（如编译系统）将程序设计语言描述的程序转换成计算机能直接执行的指令序列。

1.2.2　程序设计语言

程序设计的任务就是用计算机懂得的语言即程序设计语言编写程序，然后交给它去执行。程序设计语言分为低级语言和高级语言，低级语言包括机器语言和汇编语言。它的特点是与特定的机器有关，功效高，但使用复杂、烦琐、费时、易出差错。高级语言的表示方法要比低级语言更接近于待解问题的表示方法，其特点是在一定程度上与具体机器无关，易学、易用、易维护。

计算机所能实现的指令的集合称为计算机的指令系统，它把计算机可以完成的动作编辑成一个指令表，每种动作赋予一个二进制代码，并为机器的每种动作设计一种通用的格式：由指令码和内存地址组成的指令。一条指令就是一个固定长度的由指令码和地址码组成的二进制位串，这就是计算机唯一可以读懂的语言，一般称作机器语言。

“机器语言”太“低级”了，机器容易懂，但对人来说却太不方便。于是，一种“汇编系统”程序问世了，这种程序的功能是把一种“汇编语言”翻译为“机器语言”。汇编语言是用人比较习惯的符号来代替指令编码，例如，用“ADD”来代替“001”表示加法操作，用“Move”来代替“010”表示数据移动。用符号代替二进制地址表示参加操作的数据，这样大大减少了编程工作的困难。

汇编语言和机器语言都属于低级语言，这是因为其语言的结构都是以面向机器的指令序列形式为主，与人的习惯语言方式距离较远，所以它们的共同缺点是：

（1）依赖于机器，可移植性差；

（2）代码冗长，不易于编写大规模程序；

（3）可读性差，可维护性差。

总之，即使是汇编语言，也没有解决计算机编程难的基本问题。低级语言必然为高级语言取代，没有高级语言就没有今天计算机应用的网络化、多媒体化、智能化等。高级语言是目前绝大多数编程者的选择。和汇编语言相比，它不但将许多相关的机器指令合成为单条指令，并且去掉了与具体操作有关但与完成工作无关的细节，如使用堆栈、寄存器等，这样就大大简化了程序中的指令。由于省略了很多细节，所以编程者也不需要具备太多的专业知识。

高级语言主要是相对于汇编语言而言，它并不是特指某一种具体的语言，而是包括了很多编程语言，如目前流行的 Basic、C、C++、PASCAL、FORTRAN、JAVA 等，这些语言的语法、命令格式都各不相同。

1.3 C 语言的发展与应用现状

由于 C 语言的强大功能和各方面的优点逐渐为人们认识，到了 20 世纪 80 年代，C 语言开始进入其他操作系统，并很快在各类大、中、小和微型计算机上得到了广泛的使用。成为当代最优秀的程序设计语言之一。

C 语言由早期的编程语言 BCPL（Basic Combined Programming Language）发展演变而来。1970 年，AT&T 贝尔实验室的 Ken Thompson 根据 BCPL 语言设计出较先进的 B 语言，1972 年在 B 语言的基础上设计出了 C 语言，同年首次在 DEC PDP-11 计算机上使用。

发明 C 语言的目的是为了描述 UNIX 操作系统，1973 年 Ken Thompson 和 D.M.Ritchie 用 C 语言重写了 UNIX，这就是 UNIX 第五版，这使得 UNIX 设计得非常轻巧，改变了操作系统的历史。从此 C 语言的应用越来越广泛，成了各种计算机共同使用的程序设计语言。

随着微型计算机的日益普及，出现了许多 C 语言版本。由于没有统一的标准，使得这些 C 语言之间出现了一些不一致的地方。为了改变这种情况，美国国家标准研究所（ANSI）于 1983 年制定了 C 语言标准，即 ANSI C，并于 1987 年开始实施。Turbo C 是美国 Borland 公司的产品，1987 年该公司首次推出 Turbo C 1.0 产品，其中使用了全新的集成开发环境，即使用了一系列下拉式菜单，将文本编辑、程序编译、连接以及程序运行一体化，大大方便了程序的开发。1991 年为了适用 Microsoft 公司的 Windows 3.0 版本，Borland 公司又将 Turbo C++做了更新，即 Turbo C 的新一代产品 Borland C++问世。

1990 年，国际标准化组织 ISO（International Organization for Standards）接受了 89 ANSI C 为 ISO C 的标准（ISO 9899—1990）。1999 年，ISO 又对 C 语言标准进行修订，在基本保留原来 C 语言特征的基础上，针对需要增加了一些功能，尤其是对 C++中的一些功能，修订后的标准命名为 ISO/IEC9899:1999。目前流行的 C 语言编译系统大多是以 ANSI C 为基础进行开发的，但不同版本的 C 编译系统所实现的语言功能和语法规则略有差别。

C 语言既有高级语言的特点，又有汇编语言的特点。它可以作为系统设计语言，编写工作系统应用程序，也可以作为应用程序设计语言，编写不依赖计算机硬件的应用程序。因此，它的应用范围非常广泛。对操作系统和系统使用程序以及在需要对硬件进行操作的场合，用 C 语言明显优于其他解释型高级语言，有一些大型应用软件也是用 C 语言编写的。C 语言具有绘图能力强、可移植性的特点，并具备很强的数据处理能力，因此适于编写系统软件、三维、二维图形和动画。它是数值计算的高级语言。

1.4 C 语言的特点

1.4.1 C 语言的优势

1. 简洁紧凑、灵活方便

C 语言一共只有 32 个关键字，9 种控制语句，程序书写形式自由，严格区分大小写。把高级语言的基本结构和语句与低级语言的实用性结合起来。

2. 运算符丰富

C 语言的运算符包含的范围很广泛，共有 34 种运算符。C 语言把括号、赋值、强制类型转换等都作为运算符处理。从而使 C 语言的运算类型极其丰富，表达式类型多样化。灵活使用各种运算符可以实现在其他高级语言中难以实现的运算。

3. 数据类型丰富

C 语言的数据类型有：整型、实型、字符型、数组类型、指针类型、结构体类型、共用体类型等。能用来实现各种复杂的数据结构的运算。并引入了指针概念，使程序执行效率更高。另外 C 语言具有强大的图形功能，支持多种显示器和驱动器，且计算功能、逻辑判断功能强大。

4. C 是结构式语言

结构式语言的显著特点是代码及数据的分隔化，即程序的各个部分除了必要的信息交流外彼此独立。这种结构化方式可使程序层次清晰，便于使用、维护以及调试。C 语言是以函数形式提供给用户的，这些函数可方便地调用，并具有多种循环、条件语句控制程序流向，从而使程序完全结构化。

5. 语法限制不太严格，程序设计自由度大

虽然 C 语言也是强类型语言，但它的语法比较灵活，允许程序编写者有较大的自由度。

6. 允许直接访问物理地址，对硬件进行操作

由于 C 语言允许直接访问物理地址，可以直接对硬件进行操作，因此它既具有高级语言的功能，又具有低级语言的许多功能，能够像汇编语言一样对位、字节和地址进行操作，而这三者是计算机最基本的工作单元，可用来编写系统软件。

7. 生成目标代码质量高，程序执行效率高

一般只比汇编程序生成的目标代码效率低 10%～20%。

8. 适用范围大，可移植性好

C 语言有一个突出的优点就是适合于多种操作系统，如 DOS、UNIX、Windows 系列，也适用于多种机型。

1.4.2 如何学习 C 语言程序设计

对于将 C 语言作为学习的第一门编程语言的读者来说，最关心的问题应该是如何尽快学会用 C 语言进行程序设计。要做到这一点，我们首先对程序设计语言，特别是 C 语言本身要有所了解，更重要的是通过不断的编程实践，逐步领会和掌握程序设计的基本思想和方法。熟练的编程技能是在不断的知识与经验积累的基础上发展起来的。

初学编程的人一开始由于缺乏足够的语言知识和编程经验，对于很简单的问题往往也会感到无所适从，不知如何下手编写程序。本书建议读者从一开始学习 C 语言起就要试着编写程序，可以先模仿教科书中的程序，试着改写它并逐步体会、循序渐进，直到会独立地编写程序解决比较复杂的问题。

编写程序就像用某种自然语言来写文章，首先语法要通，即要符合语言所规定的语法规则。当然，语法通了并不意味着文章就符合要求了，有可能词不达意、离题万里。后者就是在程序调试（查错）时需要做的事，即找出程序中的错误（非语法错误）。这是一个非常需要耐心和经验的过程。而语法错误的检查则相对容易得多。在初学 C 语言时，可以与学习英语进行类比，因为 C 语言就是接近于英语的自然语言，很多语句可以望文生义，但是 C 语言的“单词”和“语句”就比英语少得多了。学习 C 语言时，可以从下列三个层次逐步掌握这个程序设计工具：

（1）了解程序设计语言，掌握语法、结构和流程控制。

（2）从模仿、改写到自己编写逐步提高程序设计能力。

（3）通过不断的编程实践，逐步领会和掌握程序设计的基本思想和方法。

1.4.3 C 语言的语法特点

程序员利用程序设计语言来编写他想要的程序以处理相应的问题。在程序中，可能要表达

数据，包括定义相应的用于存储数据的变量，还要用程序设计语言来描述需要的数据处理过程，包括语句间的控制和子程序间的控制。为了让计算机能理解程序员在程序中所描述的这些工作，用程序设计语言所写的程序必须符合相应语言的语法（Grammar）。

一般我们把用程序设计语言所编写的未经编译的程序称为源程序（Source Code，又称源代码）。从语法的角度看，源程序实际上是一个字符序列。这些字符序列按顺序分别组成了一系列“单词”。这些“单词”包括语言事先约定好的保留字（Reserved Words，如用于描述分支控制的 if、else，用于描述数据类型的 int 等）、常量（Constant）、运算符（Operator）、分隔符以及程序员自己定义的变量名、函数名等。

在这些“单词”中，除了运算符（如+、–、*、/）、普通常量（如–12、12.34、'a'）、分隔符[如“;”、“(”、“)”等]外，其他主要是有关用来标识（表示）变量、函数、数据类型、语句等的符号，这些标识符号就叫标识符（Idendifier）。任何程序设计语言对标识符都有一定的定义规范，即只有满足这些规范的字符的组合才能构成该语言所识别的标识符。

1. C 语言的主要“单词”

（1）标识符。C 语言的标识符规定由字母、数字以及下画线组成，且第一个字符必须是字母或下画线。如，_name1 是一个合法的标识符，而 left&right 就是非法的。在 C 语言中，标识符中的字母大小写是有区别的。最主要的标识符是：保留字和用户自定义标识符。

（2）保留字。也称关键字，它们是 C 语言规定的、赋予它们以特定含义、有专门用途的标识符。这些保留字也主要与数据类型和语句有关。如 int（整数类型）、float（浮点数类型）、char（字符类型）、typedef（类型定义）以及与语句相关的 if、else、while、for、break 等。

（3）自定义标识符。包括在程序中定义的变量名、数据类型名、函数名以及符号常量名。一般来说，为了便于程序阅读，经常取有意义的英文单词作为用户自定义标识符（如前面程序中定义的 n、fact 等）。

（4）常量。常量是有数据类型的，如整型常量 123、实型常量 12.34、字符常量'a'、字符串常量“hello world!”等。

（5）运算符。代表对各种数据类型实际数据对象的运算。如+（加）、–（减）、*（乘）、/（除）、%（求余）、>（大于）、>=（大于等于）、==（恒等于）、=（赋值）等。绝大多数运算为双目运算（涉及两个运算对象），也有单目（涉及一个运算对象）和三目（三个运算对象）运算，如 C 语言中的条件运算“? :”就是一个三目运算等。

（6）分隔符，如“;”、“[”、“]”、“(”、“)”、“#”等。

2. C 语言的主要语法单位

（1）表达式。运算符与运算对象（可以是常量、函数、变量等）的有意义组合就形成了表达式，如 2+3*4、i+2<j 等。表达式中可以包含多种数据类型的运算符，不同运算符间有不同的运算优先顺序，如 i+2<j 中，+的优先级高于<。

（2）变量定义。变量也都有数据类型，所以在定义变量时要说明相应变量的类型。变量的类型不同，它在内存中所占的空间大小也会有所不同。变量定义的最基本形式是：“类型名 变量名;”，如“int i;”就定义了一个整型变量 i。

（3）语句。语句是程序最基本的执行单位，程序的功能就是通过对一系列语句的执行来实现。C 语言中的语句有多种形式，包括表达式语句、分支语句、循环语句和复合语句，这些内容将在后面的章节中详细讲解。

（4）函数定义与调用。函数是完成特定任务的独立模块，是 C 语言唯一的一种子程序形式。通常，函数的目的是接收 0 个或多个数据（成为函数的参数），并至多返回一个结果（称为函数的返回值）。函数的使用主要涉及函数的定义与调用。函数定义的主要内容是通过编写一系列语句来规定其所完成的功能。完整的函数定义涉及函数头和函数体。其中，函数头包括：函数的返回值类型、函数名、参数类型；而函数体是一个程序模块，规定了函数所具有的功能。函数调用则通过传递函数的参数并执行函数定义所规定的程序过程，以实现相应功能。

（5）输入/输出：C 语言没有输入/输出语句，它通过编译系统库函数中的有关函数，如 printf() 和 scanf()函数，实现数据的输入与输出。这种处理方式为 C 语言在不同硬件平台上的可移植性提供了良好的基础。

1.4.4 C 语言的结构特点

一个 C 语言源程序可以由一个或多个源文件组成。每个源文件可由一个或多个函数组成。一个源程序不论由多少个文件组成，都有一个且只能有一个 main()函数，即主函数。源程序中可以有预处理命令（include 命令仅为其中的一种），预处理命令通常放在源文件或源程序的最前面。每一个说明，每一个语句都必须以分号结尾。但预处理命令，函数头和花括号“}”之后不能加分号。标识符、关键字之间必须至少加一个空格以示间隔。若已有明显的间隔符，也可不再加空格来间隔。

当要解决的问题比较复杂时，程序的控制过程也会变得十分复杂。一种比较典型的程序设计方法是：将复杂程序划分为若干个相互独立的模块（Module），使完成每个模块的工作变得单纯而明确，在设计一个模块时不受其他模块的牵连。同时，通过现有模块积木式的扩展就可以形成复杂的、更大的程序模块或程序。这种程序设计方法就是结构化的程序设计方法（Structured Programming）。C 语言就是支持这种设计方法的典型语言。在结构化程序设计方法中，一个模块可以是一条语句（Statement）、一段程序或一个函数（Function）（子程序）等。

一般来说，从程序流程的角度看，模块只有一个入口、一个出口。这种单入、单出的结构为程序的调试提供了良好的条件。多入多出的模块结构将使得程序的调试变得异常困难。按照结构化程序设计的观点，任何程序都可以将模块通过三种基本的控制结构进行组合来实现。这三种基本的控制结构是：

（1）顺序控制结构（Sequential Control Structure）：一个程序模块执行完后，按自然顺序执行下一个模块。

（2）分支控制结构（Branch Control Structure）：又称选择结构，计算机在执行程序时，一般是按照语句顺序执行的，但在许多情况下需要根据不同的条件来选择所要执行的模块。例如，检测某种条件是否满足，如果条件满足则执行某些指令，否则执行另外一些指令。例如，我们在周末根据天气情况决定去郊游还是在房间里学习，就是一种分支控制。

（3）循环控制结构（Loop Control Structure）：有时，经常需要重复地执行某些相同的处理过程，即重复执行某个模块。当然，重复执行这些模块一般是有条件的。也就是说，检测某些条件，如果条件满足就重复执行相应的模块。

1.4.5　C 语言的编译与编程环境

其实，计算机硬件真正能理解的只是计算机的指令。用程序设计语言编写的程序并不能为计算机所直接接受。这就需要一个软件能把相应的程序转换成计算机直接能理解的指令序列。对 C 语言等许多高级程序设计语言来说，这种软件就是编译器（Compiler）。编译器首先要对源程序进行词法分析，然后进行语法与语义分析，最后生成可执行的代码。如果程序中有语法错误，编译器会直接指出程序中的语法错误。当然，由编译器生成可执行的代码后并不意味着程序就没有错误了。对于程序中的逻辑错误，编译器是发现不了的，必须通过程序的调试进一步发现。

要编写一个程序需要做很多工作，包括编辑程序（Edit）、编译（Compile）、调试（Debug）等过程。所以，许多程序设计语言都有相应的编程环境。程序员可以直接在该环境中完成上述工作，以提高编程的效率。

对于一个初学者，Microsoft Visual C++是一个比较好的软件。界面友好，功能强大，调试也很方便。这是微软开发的一个 C 语言集成开发环境（IDE），分为企业版和学生版等。它以拥有"语法高亮"，自动编译功能以及高级除错功能而著称。比如，它允许用户进行远程调试，单步执行等。还允许用户在调试期间重新编译被修改的代码，而不必重新启动正在调试的程序。其编译及建置系统以预编译头文件、最小重建功能及累加连接著称。这些特征明显缩短程序编辑、编译及连接的时间花费，在大型软件上尤其显著。

习　题

一、选择题

1. 一个 C 语言程序的执行总是从（　　）。
   A. main()函数开始，直到 main()函数结束
   B. 第一个函数开始，直到最后一个函数结束
   C. 第一个语句开始，直到最后一个语句结束
   D. main()函数开始，直到最后一个函数结束
2. C 程序中的注释可以加在（　　）。
   A. 程序的任何位置
   B. 程序的开始
   C. 程序的末尾
   D. 任何空格、制表符或换行符可以出现的位置
3. 以下叙述正确的是（　　）。
   A. 在 C 程序中，main()函数必须位于程序的最前面
   B. C 程序的每行只能写一条语句
   C. C 语言本身没有输入/输出语句
   D. 在对一个 C 程序进行编译的过程中，可发现注释中的拼写错误

4. 以下叙述不正确的是（　　）。

A. 一个 C 源程序可由一个或多个函数组成

B. 一个 C 源程序必须包含一个 main 函数

C. C 程序的基本组成单位是函数

D. 在 C 程序中，注释说明只能位于一条语句的后面

5. 下面四个选项中，均是不合法的用户标识符的选项是（　　）。

A. A　P_0　do　　B. float　ta0　-A

C. b-a　goto　int　　D. -123　INT　temp

6. 一个 C 程序中，main()函数在程序中的位置（　　）。

A. 必须在开始　　B. 必须在最后

C. 只能在中间　　D. 可以任意

7. 在 C 语言中，下列描述正确的是（　　）。

A. 标识符只能由字母和下画线组成。

B. 标识符由任意字符组成

C. 标识符只能由字母、数字和下画线组成

D. 标识符只能由字母组成

8. 下面标识符中，可以作为合法变量名的是（　　）。

A. m@q　　B. Mo_day　　C. mn/5　　D. char

二、简答题

1. 简述 C 语言标识符的相关规定，并指出下列标识符中哪些是合法的，哪些是不合法的：begin_，3dmax，eri@sc，Counter1，total，_debug，Large&Tall。

2. 简述 C 语言在程序设计上的优势。

3. 简述 C 语言三种基本的程序结构。

第2章　用C语言编写简单程序

C 语言应用广泛，功能强大，从简单的计算器到复杂的卫星导弹都需要用程序控制，但对于初学者来说，在学习任何一门程序设计语言时，都应该从最基本的内容入手。本章从几个简单案例切入，介绍 C 语言基础知识，并详细讲解如何用 C 语言编写简单程序，同时也对程序设计的基本思想、方法和风格进行了介绍。

2.1　在屏幕上显示自定义文字“Hello World!”

Hello World 这个例子可以让用户在屏幕上显示自定义文字，作为所有编程语言的起始阶段，占据着无法改变的地位，在大多数编程教材中，Hello World 总是作为第一个例子，可见编程的第一步就在于此了！

例 2-1　在屏幕上显示一个短句: Hello World!

源程序：

```
/*显示"Hello World!"*/                          /*注释文本*/
#include <stdio.h>
int main(void)                                  /*主函数*/
{
   printf("Hello World! \n");                   /*输出函数*/
   return 0;
}
```

程序运行结果：

```
输出: Hello World!
```

本程序的作用是在屏幕上显示一行信息。

2.1.1　程序解析

第一行：/*　显示“Hello World!” */

这里出现的形如/* …… */表示注释部分，注释中的内容将不会被 C 语言编译器编译，所以不会被执行，它只是为了方便读懂程序而写的注解，因此可以是任意内容，如汉字或英文语句，甚至是一段短文。

第二行：# include　<stdio.h>

这是编译预处理命令，因为后面调用的 printf()函数是 C 语言提供的标准输出函数，在系统文件 stdio.h 中声明，注意编译预处理命令末尾不加分号。

第三行：int main(void)

这一行定义了一个名称为 main 的函数，返回值是 int 整型数，函数的参数在后面的括号中定义，这里的关键字 void 表示 main()函数不需要参数。在 C 语言中，main 表示“主函数”，每一个 C 程序都必须有一个主函数即 main()函数，而且只能有一个。函数体由大括号{}括起来，这种括号必须成对出现，缺少任意一个都会产生错误。

本例中的主函数内有一个输出语句，由函数调用和分号组成。printf("Hello World! \n")是函数调用，作用是将双引号中的字符串“Hello World!”原样输出，“\n”是换行符，即在显示“Hello World!”之后回车换行，将光标移动到下一行。语句最后还有一个分号，在 C 语言中用来表示一个语句的结束，这在 C 语言中是必须的，且所有程序中出现的标点符号都是英文符号，如果写成中文符号，程序编译时会报错。

main 函数内最后一句是 return 0;

此语句结束 main()函数的运行，并向系统返回一个整数 0，作为程序的结束状态。由于 main()函数的返回值是整型数，所以任何整数都可以作为返回值，按照惯例，若返回值为 0，说明程序运行正常，返回其他整数表示不同的错误情况。

2.1.2 程序的三种结构

本书在第一章讨论 C 语言的结构特点时已经谈到程序设计的三种基本结构。程序设计的基本目标是用算法对问题的原始数据进行处理，从而获得所期望的效果。算法就是解决问题的方法和步骤。算法的实现过程是由一系列操作组成的，这些操作之间的执行次序就是程序的控制结构。1996 年，计算机科学家 Bohm 和 Jacopini 证明了这样的事实：任何简单或复杂的算法都可以由顺序结构、选择结构和循环结构这三种基本结构组合而成。所以，这三种结构就被称为程序设计的三种基本结构，也是结构化程序设计必须采用的结构。

1. 顺序结构

顺序结构表示程序中的各操作是按照它们出现的先后顺序执行的，其流程如图 2.1 所示。图中的 S1 和 S2 表示两个处理步骤，这些处理步骤可以是一个非转移操作或多个非转移操作序列，甚至可以是空操作，也可以是三种基本结构中的任一结构。整个顺序结构只有一个入口点 a 和一个出口点 b。这种结构的特点是：程序从入口点 a 开始，按顺序执行所有操作，直到出口点 b 处，所以称为顺序结构。

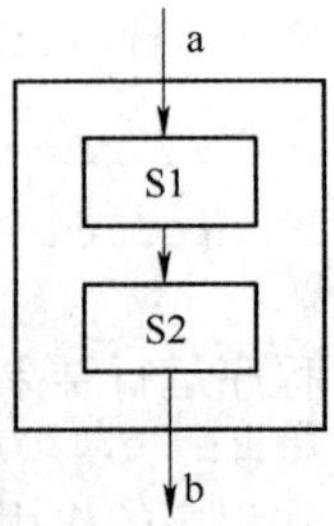

图 2.1 顺序结构示意

例 2-2 外卖接单：按点单顺序发货。

源程序：

```
#include <stdio.h>
int main(void)
{
    printf("第 1 单发货 \n");
    printf("第 2 单发货 \n");
    printf("第 3 单发货 \n");
    return 0;
}
```

程序运行结果：

输出：第 1 单发货
　　　第 2 单发货
　　　第 3 单发货

本程序的作用是依次在屏幕上显示三单外卖发货信息，请同学们上机调试并理解顺序结构。

2. 选择结构（分支结构）

选择结构表示程序的处理步骤出现了分支，它需要根据某一特定的条件选择其中的一个分支执行。选择结构有单选择、双选择和多选择三种形式。双选择是典型的选择结构形式，其流程如图 2.2 所示，图中的 S1 和 S2 与顺序结构中的说明相同。由图可见，在结构的入口点 a 处是一个判断框，表示程序流程出现了两个可供选择的分支，如果条件满足则执行 S1 处理，否则执行 S2 处理。值得注意的是，在这两个分支中只能选择一条且必须选择一条执行，但不论选择了哪一条分支执行，最后流程都一定到达结构的出口点 b 处。

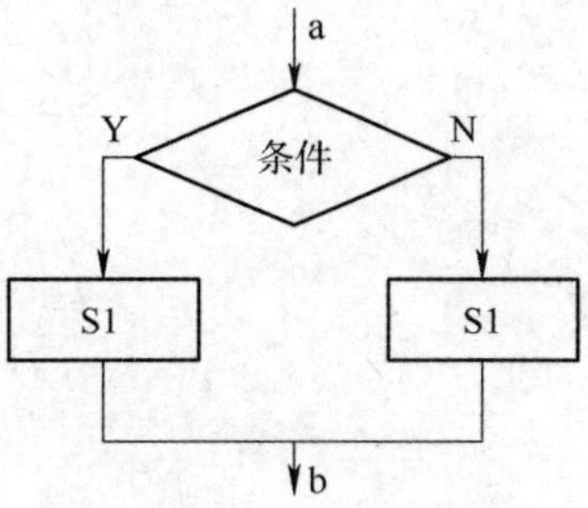

图 2.2　选择结构示意

例 2-3　外卖网站优惠促销：单笔订单满 50 元可用 10 元优惠券，不满 50 元则原价付款。输入下订单时的总额，程序计算并输出用户实际应付款金额。

源程序：

```
#include <stdio.h>
int main(void)
{
    int n;
    printf("请输入订餐总金额：");
    scanf("%d", &n);
    if(n>=50)
        printf("总金额%d元，实付款：%d元\n" ,n,n-10);
    else
        printf("总金额%d元，实付款：%d元\n" ,n,n);
    return 0;
}
```

输入输出示例

请输入订餐总金额：60↙
总金额 60 元，实付款：50 元
请输入订餐总金额：20↙
总金额 20 元，实付款：20 元

本程序的作用是根据优惠促销活动，在屏幕上显示实际付款金额，请同学们上机调试并理解选择结构。

3. 循环结构

循环结构表示程序反复执行某个或某些操作，直到某条件为假（或为真）时才可终止循环。在循环结构中最主要的是：什么情况下执行循环？哪些操作需要循环执行？循环结构的基本形式有两种：while 循环和 do…while 循环，其流程如图 2.3 所示。图中 S 块的操作称为循环体，就是需要循环执行的部分，而什么情况下执行循环则要根据条件判断。

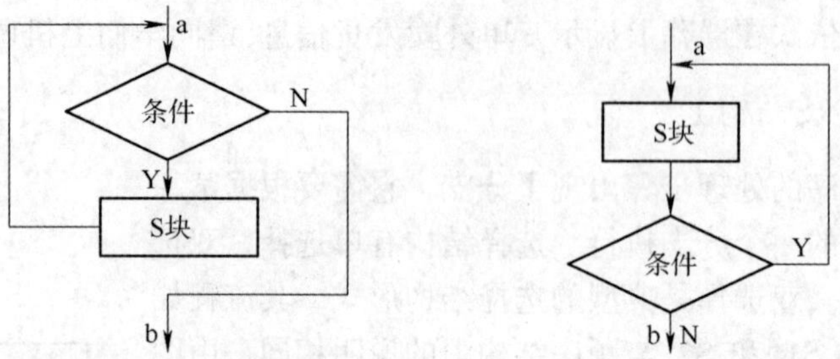

（a）while 循环结构示意　　（b）do...while 循环结构示意

图 2.3　循环结构

（1）while 循环结构：表示先判断条件，当满足给定的条件时执行循环体，并且在循环终端处流程自动返回到循环入口；如果条件不满足，则退出循环体直接到达流程出口处。其流程如图 2.3（a）所示。

（2）do…while 循环结构：表示从结构入口处不用判断条件直接执行循环体，在循环终端处判断条件，如果条件满足，返回入口处继续执行循环体，直到条件为假时退出循环到达流程出口处。其流程如图 2.3（b）所示。

例 2-4　外卖接单：按点单顺序打印输出外卖流程。

源程序：

```
#include <stdio.h>
int main(void)
{
    int i;
    i=1;
    while(i<=3)
    {
        printf("第%d单接单; ",i);
        printf("第%d单备餐; ",i);
        printf("第%d单发货完成! \n",i);
        i=i+1;
        }
    return 0;
}
```

程序运行结果：

```
输出: 第 1 单接单; 第 1 单备餐; 第 1 单发货完成!
      第 2 单接单; 第 2 单备餐; 第 2 单发货完成!
      第 3 单接单; 第 3 单备餐; 第 3 单发货完成!
```

本程序的作用是循环三次在屏幕上显示三单外卖的接单、备餐、发货完成信息，请同学们上机调试并理解循环结构。

2.2　摄氏温度与华氏温度换算

例 2-5　求华氏温度 100 对应的摄氏温度。计算公式：C=（5/9）（F−32），式中：C 表示摄氏温度，F 表示华氏温度。

源程序：

```
#include <stdio.h>                    /* 将华氏温度转换为摄氏温度 */
int main(void )
{
    /* 定义 2 个整型变量，celsius 表示摄氏温度，fahr 表示华氏温度 */
    int celsius, fahr;
                                      /* 空行，用于分隔变量定义和可执行语句 */
    fahr = 100;                       /* 对变量 fahr 赋值 */
    celsius = 5 * (fahr - 32) / 9;    /* 温度转换计算 */
    printf("fahr = %d, celsius = %d\n", fahr, celsius); /* 调用 printf()函数输
出结果 */
    return 0;
}
```

程序运行结果：

```
fahr =100, celsius = 37
```

2.2.1　程序解析

程序设计解决问题涉及两个方面：首先是要用到哪些数据；然后是如何对这些数据进行处理得到想要的答案，所以往往先要定义数据类型，然后再来进行运算，main()函数中的第一行语句 int celsius, fahr;进行变量定义，第二行语句 fahr = 100;给变量赋值，第三行语句 celsius = 5 * (fahr − 32) / 9;是根据公式进行的运算。

程序中调用 printf()函数输出结果时，将双引号内除 %d 以外的内容原样输出，并在第 1 个%d 的位置上输出变量 fahr 的值，在第 2 个%d 的位置上输出变量 celsius 的值。可见，使用printf()函数不但能够输出固定不变的内容，还可以输出变量的值，如本例中变量fahr 和celsius 的值。

2.2.2　常量、变量和数据类型

以上例子使用了哪些数据，这些数据又都是什么类型呢？C 语言里的数据有常量和变量之分。在程序执行过程中，其值不发生改变的量称为常量，其值可以发生改变的量称为变量。例如整数 100 就是常量，celsius 表示摄氏温度，fahr 表示华氏温度，这两个都是变量。

常量和变量都有类型，常量的类型通常由书写格式决定，例如，100 是整型常数，而 100.0 就是实型常数；变量的类型则是在定义的时候由编程人员指定的。最常用的数据类型包括 int（整型）、char（字符型）、float（单精度浮点型）和 double（双精度浮点型）。其中 float 和 double 都是浮点型（实型），用于存放实数，区别在于 double 型占用空间更大、精度更高、取值范围更大。

一个变量应该有一个名字，在内存中占据一定的存储单元，并在该存储单元中存放变量的值。请注意区分变量名和变量值这两个不同的概念。C 语言中所有的变量在使用前必须先定义，说明变量类型。

变量定义的形式如下：

```
类型标识符 变量名表;
```

例如：

```
int a,b;          /*定义两个整型变量 a,b*/
```

变量是计算机内存中一个被命名的数据存储位置。在程序中使用变量名时，实际上引用的是存储在这里的数据。定义多个同类型变量时用逗号隔开。

变量在定义时要注意：变量的命名要符合 C 语言规定的标识符的命名规则，即只能由字母、数字和下画线组成，首字母必须为字母或下画线。此外 C 语言中规定的有特殊用途的关键字，如 int、float、if 等，不能作为变量名称。下面是一些合法的变量名：

```
percent  y2x5_fg7h  annual_profit
```

C 语言中大小写是敏感的，即同一字母的大小写是有区别的。但是习惯上，C 语言中的变量一般用小写字母表示，取名字时尽量做到"见名知意"，使别人一看到变量名就知道它的含义。

2.2.3 赋值运算和算术运算

赋值操作由赋值运算符描述。C 语言用等于符号"="作为赋值运算符，赋值运算符常简称为赋值号。用赋值号可以构造赋值表达式，计算这种表达式的结果就是给指定变量赋一个新值。

赋值语句的简单形式为：

```
变量名=表达式;
```

如例 2-5 中的一个赋值语句：

```
fahr=100;
```

在计算上面的表达式时，整数 100 将被赋给 fahr 这个变量。在此以后，变量 fahr 就保存着数值 100（无论它原来的值是什么）。

```
celsius=5*(fahr-32)/9;
```

这也是一个赋值语句，只不过赋值运算符右边表达式更加复杂了，赋值运算的一般规则为：首先计算赋值运算符右边表达式的值，然后将这个值赋给运算符左边的变量，赋值运算符左边必须是变量，不能是表达式或常量。

应该看到，虽然 C 语言采用等于符号作为赋值符号，程序中的赋值与数学中的等于关系是完全不同的两个概念。举一个典型的例子，在数学里等式 $x=x+1$ 是一个矛盾式，因为没有任何值能够满足这个式子。而在程序里，x = x +1;是一个很常见的语句，其意义非常清楚，就是取出变量 x 当时的值与 1 相加，然后把得到的结果再赋给变量 x。这个语句的执行结果就是使变量 x 的值增加了 1。这不仅是合法语句，也是在程序中经常要执行的语句。

上面的例子中还应用到了基本的算术运算，C 语言算术运算符共有 5 个：

（1）加法运算符"+"：加法运算符为双目运算符，即应有两个量参与加法运算。

（2）减法运算符"-"：减法运算符为双目运算符。但"-"也可作负值运算符，此时为单目运算符。

（3）乘法运算符“*”：乘法运算符为双目运算符。

（4）除法运算符“/”：除法运算符为双目运算符。参与运算量均为整型时，结果也为整型，舍去小数。如果运算量中有一个是实型，则结果为双精度实型。

（5）求余运算符（模运算符）“%”：求余运算符为双目运算符。要求参与运算的量均为整型。求余运算的结果等于两数相除后的余数。注意：模运算符不能用于实数，只能用于整数。

单目运算符就是只有一个运算对象的运算符，运算对象写在运算符后面。双目运算符有两个运算对象，分别写在运算符两边。

用算术运算符和括号将运算对象（也称操作数）连接起来的、符合 C 语法规则的式子叫作算术表达式，如例 2–5 中的 5 * (fahr – 32) / 9，在计算时应注意运算符的优先级。算术运算符的优先级和数学里的情况基本一致，先算括号内，再算括号外；先算乘除和模运算，再算加减。另外，双目运算符两侧操作数的类型要相同，若不同，系统会自动进行类型转换再进行运算，例如，计算 10/4.0 时，先将 10 转换成实数 10.0，再算出结果 2.5。

2.2.4　格式化输出函数 printf()

C 语言本身不提供输入/输出语句，输入/输出操作由函数实现。在使用 C 库函数时，要用预编译命令“#include”将有关的“头文件”包含到用户源文件中。头文件中包含库函数说明、定义的常量等，每个库一般都有相应的头文件。例如，printf()等函数属于标准输入/输出库，对应的头文件是 stdio.h。也就是说如果要使用 printf()等函数，应当在程序的开头引入头文件：#include <stdio.h>。

printf()函数是按照用户指定的格式，向系统隐含的输出设备（终端）输出若干个任意类型的数据。printf()函数的一般格式为：

```
printf(格式控制字符串，输出表列);
```

例如：`printf("fahr=%d, celsius=%d\n", fahr, celsius);`

函数参数包括两部分：

（1）格式控制字符串。

格式控制字符串是用双引号括起来的字符串，也称“转换控制字符串”， 它指定输出数据项的类型和格式。它包括两种信息：

① 格式说明项：由“%”和格式字符组成，如%d，%f 等。格式说明总是由“%”字符开始，到格式字符终止。它的作用是将输出的数据项转换为指定的格式输出。输出表列中的每个数据项对应一个格式说明项。

② 普通字符：即需要原样输出的字符。例如，逗号和换行符“\n”。

（2）输出表列。

输出表列是需要输出的一些数据项，可以是常量、变量和表达式。 例如：假如 a=3,b=4，那么 printf("a=%d b=%d",a,b);输出 a=3 b=4。其中两个"%d"是格式说明，表示输出两个整数，分别对应变量 a，b，"a="，"b="是普通字符，原样输出。

输出表列中的参数必须和格式控制串中的格式控制说明相对应，并且类型、个数和位置要一一对应。例 2–5 中 fahr 和 celsius 都是整型变量，输出时要用%d，且 fahr 和第一个%d 对应，celsius 和第二个%d 对应。

2.3 判断一元二次方程是否有实数解

例 2-6 判断一元二次方程 $ax^2+bx+c=0$ 是否有实数解，其中系数 a、b、c 由用户从键盘输入。

源程序：

```
#include <stdio.h>
int main(void)
{
    float a,b,c,d;
    printf("请输入系数 a, b, c 的值,用逗号隔开: \n");  /* 输入提示 */
    scanf("%f,%f,%f",&a,&b,&c);                   /*调用 scanf()函数输入数据 */
    d=b*b-4*a*c;
    if(d>=0)                                      /*if-else 语句 */
        printf("方程有实数解\n");
    else
        printf("方程无实数解\n");
return 0;
}
```

程序运行结果：

输入输出示例 1：

```
请输入系数 a, b, c 的值, 用逗号隔开:
输入: 3.0,4.0,5.0
输出: 方程无实数解
```

输入输出示例 2：

```
请输入系数 a, b, c 的值, 用逗号隔开:
输入: 1.0,5.0,4.0
输出: 方程有实数解
```

注意：在程序运行结果中“输入：”行表示用户输入数据，每行最后以回车键结束，“输出：”行为运行程序时屏幕上的输出内容，本书在所有例题中都遵循这一约定。

2.3.1 程序解析

根据一元二次方程的系数判断是否有实数解，先计算出 b*b-4*a*c 的值，若大于或等于 0 则有实数解，否则就没有实数解。所以首先定义三个变量 a，b，c 来存储三个系数，d 作为中间变量存储 b*b-4*a*c 的值，用 scanf()函数读入用户输入的三个系数的值，然后计算出 d 的值进行判断。

例 2-6 是典型的二分支结构，用 if-else 语句实现，当 d 的值大于或等于 0 时，用 printf()函数输出方程有实数解，否则用 printf()函数输出方程无实数解。

2.3.2 关系运算

例 2-6 中用 d>=0 比较 d 与 0 的大小，这是一种关系运算。关系运算符用于确定两个数据之间是否存在着某种关系。C 语言中提供了 6 种关系运算符：<（小于）、<=（小于或等于）、>（大于）、>=（大于或等于）、==（恒等于）、!=（不等于）。

关系运算符都是双目运算符。关系运算符的优先级低于算术运算符，高于赋值运算符。在六个关系运算符中，<，<=，>，>=的优先级相同，高于==和!=，==和!=的优先级相同。注意==是关系运算符，用于比较两个操作数是否相等；而=是赋值运算符，将=右边表达式的值赋给左边的变量，两者有本质区别。

用关系运算符将两个表达式连接起来的式子称为关系表达式，当一个关系成立时，人们常说这个关系式所表达的关系是“真的”，或说它具有逻辑值“真”；而在其关系不成立时就说该关系是假的，或说表达式具有逻辑值“假”。关系表达式的值“真”和“假”，分别用“1”和“0”表示。

2.3.3　if-else 二分支语句

if-else 语句一般形式为：

```
if(表达式)
    语句 1
else
    语句 2
```

该语句用于实现分支结构，首先求出 if 后面括号内表达式的值，其值非 0 时执行语句 1；否则（值是 0）执行关键词 else 后面的语句 2 。两个语句任意一条执行完成时该条件语句结束。语句的执行流程如图 2.4 所示。

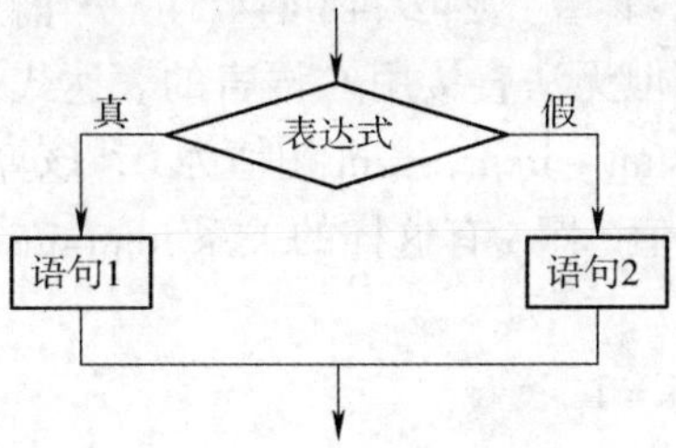

图 2.4　if-else 流程图

注意：if 后面的表达式必须加括号，else 后面不再写表达式，直接写语句 2。

2.3.4　格式化输入函数 scanf()

scanf()函数称为格式化输入函数，即按用户指定的格式从键盘上把数据输入到指定的变量之中。scanf()函数是一个标准库函数，它的函数原型在头文件“stdio.h”中，与 printf()函数相同。其一般格式如下：

```
scanf（格式控制字符串，地址表列）;
```

函数参数包括两部分：

（1）格式控制字符串的含义与 printf()类似，它指定输入数据项的类型和格式。其中特别注意：如果格式控制字符串中加入了格式符以外的其他字符，则通过键盘等输入设备输入数据时，这些字符也要输入，如果格式符中无其他字符间隔，输入时可以用空格、【tab】键或【Enter】键来分隔。

（2）地址表列是由若干个地址组成的列表，可以是变量的地址（&变量名）或字符串的首地址。&也是运算符，表示取变量的地址。

将例 2-6 中 scanf()函数的调用改成：

```
scanf("a=%f,b=%f,c=%f",&a,&b,&c);
```

则程序运行时就应该输入：

```
a=3.0,b=4.0,c=5.0
```

此时，格式控制串中出现的普通字符 a=必须原样输入，否则会出现错误，所以在编写程序时 scanf()函数的格式控制串要尽量简单一点，不要出现普通字符。

函数 scanf()是将输入设备输入的数据赋给地址表列中对应的变量。地址表列的个数和变量类型，决定了格式控制中格式符的个数和形式。int 型对应的是%d，float 型对应的是%f，而 double 型对应的是%lf，其中 l 是 long 的首字母。

在使用 scanf()语句前最好使用 prinf()函数打印一句提示，提醒用户要输入某种数据了。如：

```
printf("请输入系数 a, b, c 的值, 用逗号隔开: \n");
```

2.4 计算自由落体反弹高度和总距离

2.4.1 指定次数的循环程序设计

例 2-7　输入一个正整数 *n*，计算 1/2+2/3+3/4+4/5+……前 *n* 项的累加和。

这是一个反复求和的过程，但无法直接用 C 语言的表达式来计算，为了解决这个问题，首先抽取具有共性的算式：sum = sum + item，sum 初值为 0，该算式重复 n 次，i 从 1 开始每次增加 1 到 n 结束，item 是每一项的值，跟 i 有这样的关系 item=i/(i+1)，故设 i 为循环变量，确定循环语句的三个表达式和循环体：

指定循环起点的表达式 1：i = 1

给出循环条件的表达式 2：i <=n

设置循环步长的表达式 3：i++

循环体语句：sum = sum + i/(i+1);

源程序：

```
#include <stdio.h>
int main(void)
{
    int i,n;
    double sum;
    printf("Enter n: \n");              /* 提示输入 n 的值*/
    scanf("%d", &n);                    /* 输入 n 的值*/
    sum=0;                              /* 置累加和 sum 的初值为 0 */
    for(i=1;i<=n;i++)                   /* 循环重复 n 次 */
        sum=sum+i*1.0/(i+1);            /* 反复累加 */
```

```
    printf("sum=%f\n", sum);          /* 输出累加和 */
    return 0;
}
```

程序运行结果：

```
Enter n:
输入：8
输出：6.171032
```

虽然循环的次数由 n 决定，但就 for 而言，n 的值在循环前已经确定。另外，sum = sum + i/(i+1)是在原来 sum 的基础上一步步累加每一项的值，所以在循环开始前必须置 sum 为 0，因为 i 是整数，整数相除结果还是整数，所以 i/(i+1)的值会是 0，所以必须先将 i 乘上一个 1.0，使得表达式的值变成一个 double 型的结果，所以才写成 sum = sum + i*1.0/(i+1)，否则结果将不正确。

从以上所述可以看到，指定次数的循环程序设计一般包含四个部分：

（1）初始化：指定循环起点。给循环变量赋初值，如 i = 1;，进入循环之前，设置相关变量的初值，如 sum = 0。

（2）条件控制：只要 i <= n，循环就继续。

（3）工作：指重复执行的语句（循环体）。一条语句，可以是复合语句，如 sum = sum + i*1.0/(i+1);。

（4）改变循环变量：在每次循环中改变循环变量的值，如 i++，以改变循环条件的真假。一旦 i > n，循环结束。

除了初始化部分在进入循环之前只执行一次，其他三个部分都会反复执行，如果缺少第四部分内容 i++，i 的值一直不会改变，循环条件就恒为“真”，会造成“死循环”，初学者一定要注意不要犯这样的错误。

2.4.2　for 语句

for 语句是 C 语言提供的较为广泛的一种循环语句。其一般形式为：

```
for(表达式 1;表达式 2;表达式 3)
循环体语句;
```

表达式 1 通常用来给循环变量赋初值，一般是赋值表达式。也允许在 for 语句外给循环变量赋初值，此时可以省略该表达式。表达式 2 通常是循环条件，一般为关系表达式或逻辑表达式。表达式 3 通常可用来修改循环变量的值，一般是赋值语句。

这三个表达式都可以是逗号表达式，即每个表达式都可由多个表达式组成。三个表达式都是任选项，都可以省略。一般形式中的“循环体语句”即为要循环执行的语句。for 语句的执行流程如图 2.5 所示。

（1）首先计算表达式 1 的值。

（2）再计算表达式 2 的值，若值为真（非 0）则执行循环体一次，否则跳出循环。

（3）然后再计算表达式 3 的值，转回第（2）步重复执行。

在整个 for 循环过程中，表达式 1 只计算一次，表达式 2 和表达式 3 则可能计算多次。循环体可能多次执行，也可能一次都不执行。

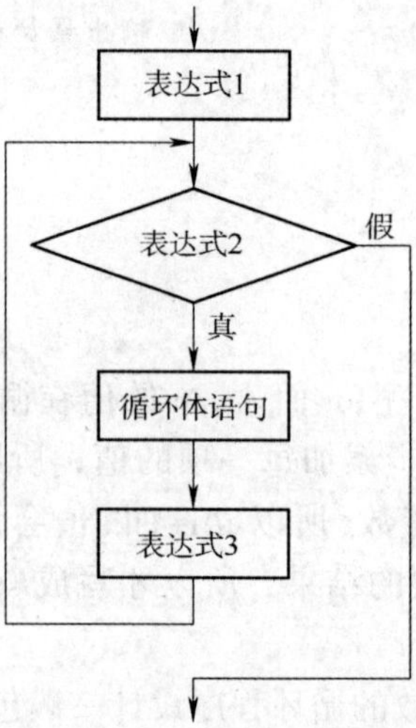

图 2.5 for 语句执行流程

2.4.3 计算自由落体反弹高度和总距离

例 2-8 一球从 100 m 高度自由落下，每次落地后反跳回原高度的一半；再落下，求它在第 10 次落地时，共经过多少米？第 10 次反弹多高？

源程序：

```
#include <stdio.h>
int main(void)
{
  float hn,sn=100.0;
  int n;
  hn=sn/2;            /*第 1 次落地反弹高度 50 米*/
  for(n=2;n<=10;n++)
  {
    sn=sn+2*hn;       /*第 n 次落地时共经过的米数*/
    hn=hn/2;          /*第 n 次反弹高度*/
  }
  printf("总共经过 %f 米\n",sn);
  printf("第 10 次反弹 %f 米\n",hn);
  return 0;
}
```

程序运行结果：

```
输出:
总共经过 299.609375 米
第 10 次反弹 0.097656 米
```

2.4.4 程序解析

如果只是计算一两次的反弹的话相对比较容易，直接运算就好，但是如果次数多了，反复进行的运算就可以考虑用循环结构来实现了。首先定义实型变量 hn 表示反弹高度，sn 经历总距离，整型变量 n 表示反弹次数，n 每次增加 1，sn 每次累加两倍的 hn，而 hn 每次都是上一次的一半。

程序中使用 for 语句来实现循环，执行流程是 n 从初始值 2 开始，也就是从第二次开始循环，当 n<=10 条件满足时，计算 sn 和 hn，然后 n 增加 1，再看 n<=10 条件是否依然满足，当 n 逐渐增加超出 10 时，循环体中的计算语句就不再执行了，循环结束，sn 中存储的就是需要计算的总距离，hn 存储的就是第 10 次反弹的高度。

下面结合例 2-8，讲解 for 语句 3 个表达式和循环语句是如何实现功能的：

```
for(n=2;n<=10;n++)
{
    sn=sn+2*hn;         /*第 n 次落地时共经过的米数*/
    hn=hn/2;            /*第 n 次反弹高度*/
}
```

表达式 1：初值表达式，给循环变量赋初值，指定循环的起点。n=2 这个表达式就是指定 n 的下限为 2，循环从 n=2 开始执行。

表达式 2：条件表达式，给出循环的条件，决定循环的继续或结束。n<=10 表达式给出了循环的条件，若该表达式的值为“真”，则循环继续，为“假”就结束循环，n 的循环的上限就是 10，一旦 n 的值超过了 10，循环条件就为“假”，循环就结束了。

表达式 3：步长表达式，设置循环的步长，改变循环变量的值，从而可改变表达式 2 的真假性。n++这个表达式每次执行使 n 增加 1，这样最终 n>10，表达式 2 的值为“假”，循环结束。

循环体语句：被反复执行的语句，只能是一条语句，或者是用大括号括起来的一条复合语句，如下就是复合语句，当循环体不只执行一条语句时就必须使用复合语句。

```
{
    sn=sn+2*hn;
    hn=hn/2;
}
```

习　题

一、选择题

1. 若有语句：int a,b;，
则下面输入语句正确的是（　　）。

A. scanf(" %D%D",a, b);　　B. scanf("%d%d",a,b);

C. scanf("%d%d",&a,&b);　　D. scanf("%D%D ",&a,&b);

2. 以下能正确定义变量 m、n，并且它们的值都为 4 的是（　　）。

A. int m=n=4;　　B. int m, n=4;

C. m=4,n=4;　　D. int m=4,n=4;

3. 设有变量定义: float x=75.3287;, 则执行语句 printf("%5.2f", x);后，输出的结果是(　　)。

A. 75.32　　B. 75.328　　C. 75.33　　D. 75.3287

4. 有如下程序，输入数据 25　12　14↙之后，正确的输出结果是（　　）。

```
int main(void)
{
    int x,y,z;
    scanf("%d%d%d",&x,&y,&z);
```

```
    printf(" x+y+z=%d\n",x+y+z);
return 0;
}
```

A. x+y+z=51　　B. x+y+z=41　　C. x+y+z=60　　D. 不确定值

5. 以下正确的 if 语句形式是（　　）。

A. if x>y　max=x;

B. if (x<>y)　max=x+y;

C. if (x>y)　printf ("%d",x) else printf ("%d",y)

D. if (x<y)　max=y;

6. 以下不正确的语句为（　　）。

A. if (x>y);

B. if (x= y) &&(x! = 0) x=x+y;

C. if (x!= y) scanf ("%d",&x); else scanf ("%d",&y);

D. if (x<y) {x++ ;y++;}

7. 设有变量定义：int a=123,b=345; 则执行语句 printf("%-5d%5d",a,b);后，输出的结果是（　　）。说明：□表示空格。

A. □□123□□345　　B. 123□□345□□

C. □□123345□□　　D. 123□□□□345

8. 设有 double n; 从键盘上输入一个整数给变量 n，正确的语句是（　　）。

A. scanf(n);　　B. scanf("n");

C. scanf("%f", n);　　D. scanf("%lf", &n);

9. 设有定义 int a=1,b=2,c=3;，以下语句中执行效果与其他三个不同的是（　　）。

A. if(a>b) c=a,a=b,b=c;　　B. if(a>b) {c=a,a=b,b=c;}

C. if(a>b) c=a;a=b;b=c;　　D. if(a>b) {c=a;a=b;b=c;}

二、编程题

1. 根据输入的整数，判断该数能否被 3 整除，并根据以下情况输出结果。

2. 根据输入的三角形三边的边长 a、b、c，判断能否构成三角形。若能，计算三角形的面积。

3. 判断某一年是否为闰年（闰年的条件是符合下面二者之一：①能被 4 整除，但不能被 100 整除；②能被 4 整除，又能被 100 整除）。

4. 共享单车充值大优惠：充值满 200 以上元送 50 元，满 100 元以上送 20 元，满 50 元以上送 10 元。输入充值金额，程序计算并输出用户账户实际所得金额。

5. 编程实现 a、b、c 三个数按从大到小顺序排列。

6. 输入 *n* 的值，计算并输出 *n*!。

7. 有一序列：2/1、3/2、5/3、8/5、13/8、21/13……求这个序列的前 30 项之和。

8. 求 1 ~ 100 中能被 6 整除的所有整数的和。

第3章 选择结构程序设计

选择结构又称分支结构。分支就是在程序执行到某一语句后，根据给定的判断条件选择执行不同的程序分支。选择结构是程序的基本结构之一，几乎所有的程序设计语言都包含选择结构。

C 语言中有两种控制语句实现程序的分支控制，即 if 语句和 switch 语句，用它们均可以构成选择结构。本章通过典型案例解析，讨论选择结构程序设计的思想和实现，并介绍字符类型、逻辑运算和条件语句。

3.1 从键盘输入一个控制命令字符，判断输入是否正确

3.1.1 程序解析

例 3-1 从键盘输入一个控制命令字符，要求是大写字母。判断输入是否正确：若是大写字母提示为正确命令，如果是小写字母或其他字符则给出相应提示。

源程序：

```
#include <stdio.h>
int main(void)
{
    char ch;
    printf("Input a control command(A~Z): ");
    scanf("%c",&ch);                          /*从键盘输入一个字符，赋值给变量 ch*/
    if(ch>='a'&&ch<='z')                      /*如果 ch 是小写字母*/
        printf("你输入的是小写字母，控制命令要求大写！\n");
    else if(ch>='A'&&ch<='Z')                 /*如果 ch 是大写字母*/
        printf("控制命令输入正确！\n");
    else                                      /*否则 ch 是其他字符*/
        printf("请输入字母！\n");
    return 0;
}
```

程序运行结果：

```
第一次运行:
输入: A
输出: 控制命令输入正确!
第二次运行:
```

```
输入: 3
输出: 请输入字母!
```

该程序使用 scanf("%c",&ch);语句输入一个控制命令字符，用逻辑表达式判断字符的种类：如果输入的是小写字母，提示"你输入的是小写字母，控制命令要求大写！\n"；如果输入的是大写字母，则提示"控制命令输入正确！"；如果输入的是其他字符，提示"请输入字母！"。

3.1.2 字符类型

字符型数据包括字符常量和字符变量。

1. 字符常量

C 语言的字符常量是用单引号括起来的一个字符。例如：'a' 'z' 'A' 'Z' '0' '9' '*'都是合法字符常量，它们分别表示小写字母 a、z，大写字母 A、Z，数字字符 0、9 和字符*。

除了以上形式的字符常量外，C 还允许用一种特殊形式的字符常量，是以“\”开头的转义字符。如前面已经遇到过的，在 printf()函数中的“\n”代表一个“换行符”，这是一种在屏幕上不能显示的控制字符，这个“换行符”的字符常量是'\n'。

ASCII 字符集中列出了常用的字符。在 C 语言中，字符常量有以下特点：

（1）字符常量只能用单引号括起来，不能用双引号或其他括号。

（2）字符常量只能是单个字符，不能是字符串。

（3）字符可以是字符集中任意字符。注意：'1'和 1 是不同的。'1'是字符常量，其 ASCII 码值为 48。

2. 字符变量

字符变量用来存储字符常量，它只能存放一个字符，不能将一个字符串存放到字符变量中。

字符变量的类型说明符是 char。字符变量类型定义的格式和书写规则都与整型变量相同，例如：

```
char ch;          /*定义一个字符变量 ch*/
ch='A';           /*给字符变量赋值大写字母 A*/
```

在所有的编译系统中，都规定一个字符变量在内存中占一个字节。

3.1.3 逻辑运算符和逻辑表达式

1. 逻辑运算符

C 语言中提供了三种逻辑运算符：&&（与运算）、||（或运算）、!（非运算）。

逻辑运算的值为“真”和“假”两种，用“1”和“0”来表示。其求值规则如下：

（1）与运算：参与运算的两个量都为真时，结果才为真，否则为假。

例如：`5>0 && 4>2`

由于 5>0 为真，4>2 也为真，相与的结果也为真。

（2）或运算：参与运算的两个量只要有一个为真，结果就为真。两个量都为假时，结果为假。

例如：`5>0||5>8`

由于 5>0 为真，相或的结果也就为真。

（3）非运算：参与运算量为真时，结果为假；参与运算量为假时，结果为真。

例如：`!(5>0)`

结果为假。

例如：`5&&3`

由于 5 和 3 均为非“0”，因此 5&&3 的值为“真”，即为 1。

逻辑运算的真值表归纳见表 3.1。

表 3.1　逻辑运算的真值表

a	b	a&&b	a||b	!a
真	真	真	真	假
真	假	假	真	假
假	真	假	真	真
假	假	假	假	真

2. 逻辑表达式

逻辑表达式是指用逻辑运算符（逻辑与、逻辑或、逻辑非）将逻辑运算对象连接起来的式子。逻辑表达式的值应该是一个逻辑值“真”或“假”。C 语言编译系统在给出逻辑运算值时，以“1”代表“真”，“0”代表“假”。 但反过来在判断一个量是为“真”还是为“假”时，以“0”作为“假”，以非“0”的数值作为“真”。

熟练掌握 C 语言的关系运算符和逻辑运算符后，可以巧妙地用一个逻辑表达式来表示一个复杂的条件。

例 3-2　写出满足下列条件的 C 表达式。

（1）判断 ch 是否为小写英文字母。

```
((ch>='a')&&(ch<='z'))
```

或：

```
(ch>='a'&&ch<='z')
```

（2）判断 ch 是否为英文字母。

```
((ch>='a'&&ch<='z')||(ch>='A'&&ch<='Z'))
```

（3）判断 ch 是否为数字字符。

```
(ch>='0'&&ch<='9')
```

（4）判断 ch 是空格或者回车。

```
(ch==' '||ch=='\n')
```

（5）判断 number 是偶数。

```
(number%2==0)
```

（6）判断 year 是闰年，即 year 能被 4 整除但不能被 100 整除，或 year 能被 400 整除。

```
((year%4==0&&year%100!=0)||(year%400==0))
```

3.1.4 字符型数据的输入和输出

1. 调用函数 scanf()和 printf()输入/输出字符

在第 2 章，我们学会了调用函数 scanf()和 printf()输入/输出整型数据和浮点型数据，同理，我们也可以调用函数 scanf()和 printf()输入/输出字符型数据，格式控制说明符为%c。

例 3-3 从键盘输入一个大写字母，转换为小写字母后输出。

```
#include <stdio.h>
int main(void)
{
    char ch;
    scanf("%c",&ch);          /*从键盘输入一个大写字母赋值给字符变量 ch*/
    ch=ch+32;                 /*将大写字母转换为小写字母*/
    printf("%c",ch);          /*将小写字母输出到显示器上*/
    return 0;
}
```

程序运行结果：

```
输入：A
输出：a
```

2. 字符输出函数 putchar()

例 3-4 输出单个字符。

```
#include <stdio.h>
int main(void)
{
  char a='B',b='o',c='k';
  putchar(a);putchar(b);putchar(b);putchar(c);putchar('\t');
  putchar(a);putchar(b);
  putchar('\n');
  putchar(b);putchar(c);
  return 0;
}
```

程序运行结果：

```
输出： Book  Bo
       ok
```

putchar() 函数是字符输出函数，其功能是在显示器上输出单个字符。其一般形式为：

```
putchar(字符变量)
```

例如：

```
putchar('A');     (输出大写字母 A)
putchar(x);       (输出字符变量 x 的值)
putchar('\101');  (也是输出字符 A)
putchar('\n');    (换行)
```

3. 字符输入函数 getchar()

例 3-5　输入单个字符，回显。

```
#include <stdio.h>
int main(void)
{
  char ch;
  printf("input a character\n");
  ch=getchar();           /*从键盘输入一个字符赋值给字符变量 ch*/
  putchar(ch);            /*将输入的字符输出到显示器上*/
  return 0;
}
```

程序运行结果：

```
输入:    H
输出:    H
```

getchar()函数的功能是从键盘输入一个字符。其一般形式为：

```
getchar();
```

通常把输入的字符赋予一个字符变量，构成赋值语句，如：

```
char ch;
ch=getchar();
```

3.2　选择结构程序设计——求解一元二次方程

3.2.1　程序解析

例 3-6　输入系数 a，b，c，求解一元二次方程 $ax^2+bx+c=0$ 的根。

在例 2-6 中，我们学习了如何判断一个一元二次方程是否有实数解，在此基础上，我们继续求解方程，如果有实数解，输出两个实根；否则，输出两个虚根。

源程序：

```
#include <stdio.h>
#include <math.h>
int main(void)
{
    float a,b,c,d,x1,x2,r,p;
    printf("please input a,b,c: \n");
    scanf("%f,%f,%f",&a,&b,&c);              /*输入系数 a,b,c 的值*/
    d=b*b-4*a*c;                             /*计算Δ=b^2-4ac 的值*/
    if(d>=0)                                 /*如果Δ≥0,计算两个实根*/
    {
       x1=(-b+sqrt(d))/(2*a);                /*sqrt(d)函数值为 d 的平方根*/
       x2=(-b-sqrt(d))/(2*a);
       printf("x1=%7.2f \t x2=%7.2f \n",x1,x2);
    }
    else                                     /*如果Δ<0,计算两个虚根*/
```

```
    {
        r=-b/(2*a);
        p=sqrt(fabs(d))/(2*a);              /*fabs(d)函数值为 d 的绝对值*/
        printf("x1=%7.2f+%7.2fi \t x2=%7.2f-%7.2fi \n",r,p,r,p);
    }
    return 0;
}
```

程序运行结果：

```
输入：1,-16,55
输出：x1=11;x2=5
```

求解一元二次方程 $ax^2+bx+c=0$ 的根的思路：首先，计算 $\Delta=b^2-4ac$ 的值是否大于等于 0，如果是则求得两个实根，否则则求得两个虚根。

本例中，由于用到了数学函数 sqrt()和 fabs()，需要引入库函数 math.h()。

3.2.2 if 语句的三种形式

1. 基本形式：if

```
if(表达式) 语句
```

其语义是：如果表达式的值为真，则执行其后的语句，否则不执行该语句，其过程如图 3.1 所示。

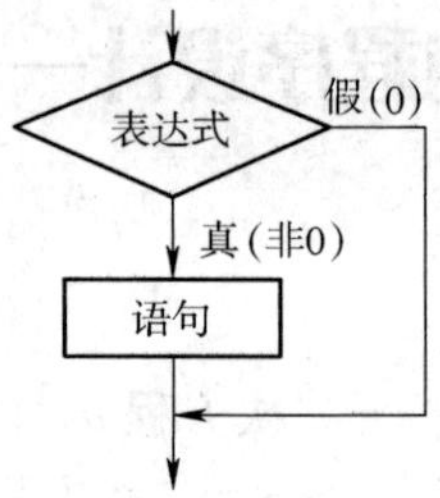

图 3.1 单分支结构 if 语句的执行过程

注意：

（1）表达式两边的圆括号“(”和“)”不能省略。

（2）(表达式) 后不能有分号“;”。

（3）语句可以是一条语句，也可以是多条语句，如果要执行多条语句的语句块，则必须用“{”和“}”将语句块括起来组成一条复合语句。

例 3-7 求两个数的最大值。

```
#include <stdio.h>
int main(void)
{
    int a,b,max;
    printf("input two numbers:\n");
    scanf("%d%d",&a,&b);            /*输入两个整数 a,b*/
    max=a;                          /*假设最大值为 a*/
    if(max<b)                       /*如果最大值小于 b*/
        max=b;                      /*设最大值为 b*/
```

```
    printf("max=%d",max);
    return 0;
}
```

程序运行结果：

```
输入：5  10
输出：10
```

本例程序中，输入两个数 a、b。把 a 先赋予变量 max，再用 if 语句判别 max 和 b 的大小，如 max 小于 b，则把 b 赋予 max。因此 max 中总是大数，最后输出 max 的值。

2. 二分支 if-else 形式

```
if(表达式)
    语句 1;
else
    语句 2;
```

其语义是：如果表达式的值为真，则执行语句 1，否则执行语句 2，其执行过程如图 3.2 所示。

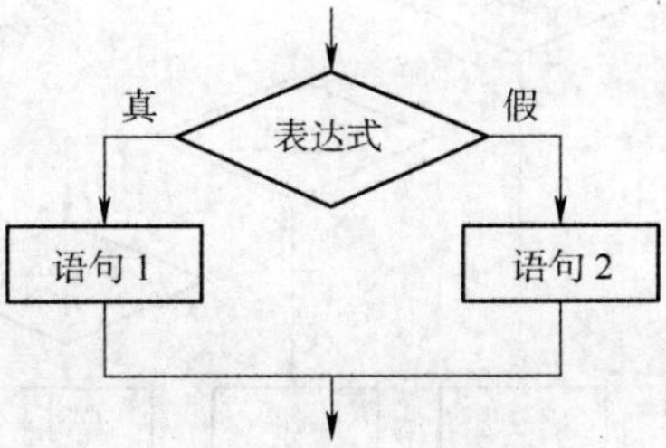

图 3.2　二分支结构 if-else 语句的执行过程

例 3-7 输入两个整数，采用单分支形式输出其中的最大数。也可以改用 if-else 语句判别 a、b 的大小，若 a 大，则输出 a，否则输出 b。

例 3-8　求两个数的最大值。

```
#include <stdio.h>
int main(void)
{
    int a, b;
    printf("input two numbers:     ");
    scanf("%d%d",&a,&b);                /*输入两个整数 a,b*/
    if(a>b)                             /*如果 a>b，输出最大值为 a*/
      printf("max=%d\n",a);
    else                                /*否则输出最大值为 b*/
      printf("max=%d\n",b);
    return 0;
}
```

3. 多分支 if-else-if 形式

前两种形式的 if 语句一般都用于两个分支的情况。当有多个分支选择时，可采用 if-else-if 语句，其一般形式为：

```
if(表达式 1)
    语句 1;
```

```
else  if(表达式 2)
    语句 2;
else  if(表达式 3)
    语句 3;
    …
else  if(表达式 m)
    语句 m;
else
    语句 n;
```

其语义是：依次判断表达式的值，当出现某个值为真时，则执行其对应的语句，然后跳到整个 if 语句之后继续执行程序。如果所有的表达式均为假，则执行语句 n。然后继续执行后续程序。if-else-if 语句的执行过程如图 3.3 所示。

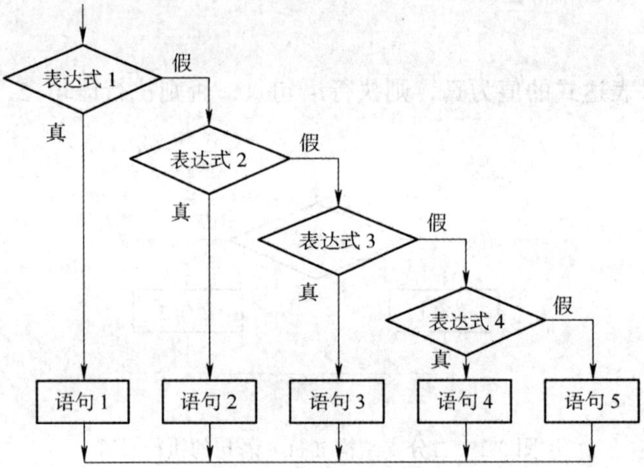

图 3.3　多分支结构的执行过程

例 3-9　从键盘输入一个字符，判断该字符是控制字符、数字字符、大写字母、小写字母还是其他字符。

```
#include <stdio.h>
int main(void)
{
    char c;
    printf("input a character:    ");
    c=getchar();                          /*从键盘输入一个字符*/
    if(c<32)                              /*如果 ASCII 码小于 32，是控制字符*/
      printf("This is a control character\n");
    else if(c>='0'&&c<='9')               /*如果是数字字符*/
      printf("This is a digit\n");
    else if(c>='A'&&c<='Z')               /*如果是大写字母*/
      printf("This is an upper case letter\n");
    else if(c>='a'&&c<='z')               /*如果是小写字母*/
      printf("This is a lower case letter\n");
    else                                  /*如果是其他字符*/
      printf("This is an other character\n");
```

```
    return 0;
}
```

程序运行结果：

```
输入：8
输出：This is a digit
```

本例要求判别键盘输入字符的类别。可以根据输入字符的 ASCII 码来判别类型。由 ASCII 码表可知 ASCII 值小于 32 的为控制字符。在“0”和“9”之间的为数字，在“A”和“Z”之间为大写字母，在“a”和“z”之间为小写字母，其余则为其他字符。这是一个多分支选择的问题，用 if-else-if 语句编程，判断输入字符 ASCII 码所在的范围，分别给出不同的输出。例如，输入为“g”，输出显示它为小写字符。

4. 在使用 if 语句中还应注意的问题

（1）在三种形式的 if 语句中，在 if 关键字之后均为表达式。该表达式通常是逻辑表达式或关系表达式，但也可以是其他表达式，如赋值表达式等，甚至也可以是一个变量。

例如：

```
if(a=5)语句;
if(b)语句;
```

都是允许的。只要表达式的值为非 0，即为“真”。如在：

```
if(a=5)…;
```

中表达式的值永远为非 0，所以其后的语句总是要执行，当然这种情况在程序中不一定会出现，但在语法上是合法的。

又如，有程序段：

```
if(a=b)
    printf("%d",a);
else
    printf("a=0");
```

本语句的语义是，把 b 值赋予 a，如为非 0 则输出该值，否则输出“a=0”字符串。这种用法在程序中是经常出现的。

（2）在 if 语句中，条件判断表达式必须用括号括起来，在语句之后必须加分号。

（3）在 if 语句的三种形式中，所有的语句应为单个语句，如果要想在满足条件时执行一组（多个）语句，则必须把这一组语句用{}括起来组成一个复合语句。但要注意的是在“}”之后不能再加分号。

例如：

```
if(a>b)
{
    a++;
    b++;
}
else
{
    a=0;
    b=10;
}
```

3.2.3 if 语句的嵌套

当 if 语句中的执行语句又是 if 语句时，则构成了 if 语句嵌套的情形。

其一般形式可表示如下：

```
if(表达式)
    if语句;
```

或者为

```
if(表达式)
   if语句;
else
   if语句;
```

在嵌套内的 if 语句可能又是 if-else 型的，此将会出现多个 if 和多个 else 重叠的情况，要特别注意 if 和 else 的配对问题。

例如：

```
if(表达式1)
    if(表达式2)
        语句1;
    else
        语句2;
```

其中的 else 究竟是与哪一个 if 配对呢?

应该理解为：

```
if(表达式1)
     if(表达式2)
        语句1;
     else
       语句2;
```

还是应理解为：

```
 if(表达式1)
     if(表达式2)
         语句1;
 else
        语句2;
```

为了避免这种二义性，C 语言规定，else 总是与它前面最近的 if 配对，因此对上述例子应按前一种情况理解。

采用嵌套结构实质上是为了进行多分支选择，这种问题用 if-else-if 语句也可以完成，而且程序更加清晰。因此，在一般情况下较少使用 if 语句的嵌套结构，以使程序更便于阅读理解。

3.3 模拟工程控制，根据指令进行相应的操作

3.3.1 程序解析

例 3-10 模拟工程控制，根据指令进行相应的操作。

源程序：

```
#include <stdio.h>
int main(void)
```

```
{  char operation;
   printf("Input an operation: ");
   scanf("%c", &operation);      /*从键盘输入一个字符控制命令*/
   switch(operation){             /*根据指令进行相应的操作*/
       case '1':                  /*输入“1”，执行“启动”操作*/
           printf("启动");
           break;
       case '2':                  /*输入“1”，执行“加速”操作*/
           printf("加速");
           break;
       case '3':                  /*输入“3”，执行“减速”操作*/
           printf("减速");
           break;
       case '4':                  /*输入“4”，执行“停止”操作*/
           printf("停止");
           break;
       default:                   /*输入其他字符，提示命令错误*/
           printf("指令错误\n");
           break;
   }
   return 0;
}
```

程序运行结果：

```
输入：1
输出：启动
```

程序使用 switch 语句实现多分支结构。运行时，程序要求输入一个指令，如果是正确指令则根据指令进行对应的操作（1：启动；2：加速；3：减速；4：停止），否则输出“指令错误”。

3.3.2　switch 语句

C 语言提供了用于处理多分支选择的 switch 语句，一般有 3 种形式。

1. 在 switch 语句的每个语句段中都使用 break 语句

```
switch( 表达式){
    case 常量表达式 1: 语句段 1; break;
    case 常量表达式 2: 语句段 2; break;
        ...
    case 常量表达式 n: 语句段 n; break;
    default:          语句段 n+1; break;
}
```

其语义是：计算表达式的值。并逐个与其后的常量表达式值相比较，当表达式的值与某个常量表达式的值相等时，即执行其后的语句，如果表达式的值与所有 case 后的常量表达式均不相同时，则执行 default 后的语句，最后跳出 switch 语句。相当于多分支语句。

例 3-11　模拟计算器程序。用户输入一个形式如“运算数 四则运算符 运算数”的四则运算表达式，输出运算结果。

源程序：

```
#include <stdio.h>
int main(void)
{
    char operation;
    double value1, value2;
    printf("Type in an expression: ");
    scanf("%lf%c%lf", &value1, &operation, &value2);
    switch(operation){
        case '+':
            printf("=%.2f\n", value1+value2);
            break;
        case '-':
            printf("=%.2f\n", value1-value2);
            break;
        case '*':
            printf("=%.2f\n", value1*value2);
            break;
        case '/':
            printf("=%.2f\n", value1/value2);
            break;
        default:
            printf("Unknown operation\n");
            break;
    }
    return 0;
}
```

程序运行结果：

```
输入：10/3
输出：3.33
```

本例可用于四则运算求值。switch 语句用于判断运算符，然后输出运算值。当输入运算符不是+、-、*、/时给出错误提示。

2. 在 switch 中不使用 break 语句

```
switch(表达式){
    case 常量表达式 1: 语句段 1;
    case 常量表达式 2: 语句段 2;
      ...
    case 常量表达式 n: 语句段 n;
    default:         语句段 n+1;
}
```

其语义是：计算表达式的值。并逐个与其后的常量表达式值相比较，当表达式的值与某个常量表达式的值相等时，即执行其后的语句，然后不再进行判断，继续执行所有 case 后的语句。如表达式的值与所有 case 后的常量表达式均不相同时，则执行 default 后的语句。

3. 在 switch 的某些语句段中使用 break 语句

例 3-12 输入 10 个字符，分别统计出其中空格或回车、数字和其他字符的个数。

源程序:

```
#include <stdio.h>
int main(void)
{
  int blank, digit, i, other;  char ch;
   blank=digit=other=0;
   printf("Enter 10 characters: ");
   for(i=1; i<=10; i++){               /*循环 10 次操作*/
       ch=getchar();                    /*输入字符，赋值给变量 ch*/
       switch (ch){                     /*判断 ch，根据不同情况作出不同处理*/
           case ' ' :
           case '\n':                   /*如果是空格或者回车，blank 计数加一*/
               blank ++;
               break;
           case '0' : case '1' : case '2' : case '3' : case '4' :
           case '5' : case '6' : case '7' : case '8' : case '9' :  /*如果是数字，digit 计数加一*/
               digit ++;
               break;
           default:                     /*如果是其他字符，other 计数加一*/
               other ++;
               break;
       }
   }
   printf("blank=%d, digit=%d, other=%d\n", blank, digit, other);
   return 0;
}
```

程序运行结果：

输入：hi 2012!!

输出：blank=2,digit=4,other=4

在使用 switch 语句时还应注意以下几点：

（1）在 case 后的各常量表达式的值不能相同，否则会出现错误。

（2）在 case 后，允许有多个语句，可以不用{}括起来。

（3）各 case 和 default 子句的先后顺序可以变动，而不会影响程序执行结果。

（4）default 子句可以省略不用。

习　题

一、选择题

1. 判断 char 型变量 ch 是否为大写字母的正确表达式是（　　）。

   A. 'A'<=ch<='Z'　　　　B. (ch>='A')and (ch <='z')

   C. (ch>='A')&&(ch <='Z')　　　　D. ('A'<=ch)||('Z'>=ch)

2. 能正确表示 a 和 b 同时为正或同时为负的逻辑表达式是（　　）。

A. (a>=0||b>=0)&&(a<0||b<0)　　B. (a>=0&&b>=0)&&(a<0&&b<0)

C. (a+b>0)&&(a+b<=0)　　D. a*b>0

3. 设有如下定义:

```
int  a=2,b=1,c=3,d=4,m=2,n=2;
```

则执行表达式:(m=a>b)&&(n=c>d)后，n 的值为（　　）。

A. 1　　B. 2　　C. 3　　D. 0

4. 为表示关系 x>=y>=z，应使用 C 语言表达式（　　）。

A. (x>=y)&&(y>=z)　　B. (x>=y)AND(y>=z)

C. (x>=y>=z)　　D. (x>=y)&(y>=z)

5. 要判断 char 型变量 m 是否是数字字符，可以使用表达式（　　）。

A. 0<=m && m<=9　　B. '0'<=m && m<='9'

C. "0"<=m && m<="9"　　D. 0<=m & m<=9

6. 当 a=5, b=3, c=2 时，表达式 f=a>b>c 的值是（　　）。

A. 1　　B. 0　　C. true　　D. false

7. 已知字符 A 的 ACSII 码值为 65，以下语句的输出结果是（　　）。

```
char ch='E';
printf("%d %c\n",ch,ch);
```

A. 65A　　B. 65E　　C. 69E　　D. 69A

8. 运行以下程序，输出结果是（　　）。

```
#include <stdio.h>
int main(void)
{
int a=2,b=4,c=7;
if(c==a+b)
  printf("yes\n");
else
printf("no\n");
    return 0;
}
```

A. yes　　B. no　　C. 程序错误　　D. 没有任何输出

9. 运行以下程序，从键盘上输入 china#，则输出结果是（　　）。

```
#include <stdio.h>
int main(void)
{
    int v1=0,v2=0;
    char ch;
    while((ch=getchar())!='#')
        switch(ch){
        case 'a':
        case 'h':
        case 'o': v1++;
        default : v2++;
        }
    printf("%d,%d\n",v1,v2);
```

```
    return 0;
}
```

A. 5,5　　B. 2,3　　C. 0,3　　D. 2,5

10. 以下程序的输出结果是（　　）。

```
#include <stdio.h>
int main(void)
{
    int x,y;
    x=y=2;
    switch(x){
        case 1: y++;
        case 2: y=y+2;
        case 3: y=y+3 ;break ;
        default:y=y+4 ; break;}
    printf("%d",y) ;
    return 0 ;
}
```

A. 11　　B. 4　　C. 7　　D. 8

二、编程题

1. 输入 x，计算并输入下列分段函数对应的值。

$$y=\begin{cases} x & x<0 \\ 2x-10 & x=0 \\ 3x^2-11 & x>0 \end{cases}$$

2. 从键盘输入三个数 x、y、z，计算并输入这三个数的最大值。

3. 从键盘输入 10 个字符，统计其中英文字母、空格或回车、数字字符和其他字符的个数。

4. 从键盘输入 10 个字符，将所有的英文字母转换为大写后输出。

5. 某商场给顾客购物的折扣率如下：

购物金额 < 300 元	不打折
300<=购物金额< 500 元	9 折
500 元<=购物金额< 800 元	7 折
800 元<=购物金额	5 折

要求输入一个购物金额（x），输出打折率（rate）以及购物实际付款金额（x * rate）。

6. 在高速公路上行使的小型车，超出本车道限速的 10%（含）~ 20%（不含），要被扣 3 分，罚款 200 元；若超速 20%（含）~ 50%（不含），要被扣 6 分，罚款 200 元；若超速 50%（含）以上的，要一次性被扣 12 分，罚款 2 000 元。请编写程序根据车速和限速自动判别对该机动车的处理。

运行示例 1:

```
请输入车辆行驶速度、高速公路的限速:80 120
OK
```

运行示例 2:

```
请输入车辆行驶速度、高速公路的限速:130 90
超速44%.扣6分. 罚款200元
```

7. 使用 switch-case 语句，实现：输入一个五级制成绩（A、B、C、D、E），输出对应的百分制成绩区间。五级制成绩对应的百分制成绩区间为：A（90~100）、B（80~89）、C（70~79）、D（60~69）、E（0~59）、其他（输出 error）。

8. 假设自动售货机出售 4 种商品：薯片、爆米花、巧克力和可乐，售价分别是每份 3.0、2.5、4.0 和 3.5 元。在屏幕上显示以下菜单，用户可以连续查询商品的价格，当查询次数超过 5 次时，自动退出查询；不到 5 次时，用户可以选择退出。当用户输入编号 1 ~ 4，显示相应商品的价格；输入 0，退出查询；输入其他编号，显示价格为 0。

第4章 循环结构程序设计

循环结构是程序中一种很重要的结构。其特点是，在给定条件成立时，反复执行某程序段，直到条件不成立为止。给定的条件称为循环条件，反复执行的程序段称为循环体。C语言提供了多种循环语句，可以组成各种不同形式的循环结构。

（1）for语句。

（2）while语句。

（3）do-while语句。

本章通过实例讲解for循环语句、while循环语句、do-while循环语句的用法以及异同点，并重点讲解几个经典的程序。

4.1 输入一批学生的成绩，统计平均分

4.1.1 程序解析

例 4-1 从键盘输入一批学生的成绩，计算平均分。

源程序：

```
#include <stdio.h>
int main(void)
{
    int num;
    double grade, total;
    num=0; total=0;
    printf("Enter grades: \n");
    scanf("%lf", &grade);              /*输入第 1 个成绩*/
    while(grade>=0) {                  /*当输入成绩大于等于 0 时，执行循环体*/
        total=total+grade;             /*成绩累加*/
        num++;                         /*计数*/
        scanf("%lf", &grade);          /*输入下一个成绩*/
    }
    if(num!=0)                         /*个数不为 0，计算平均分*/
        printf("The average grade is %.1f\n", total/num);
    else                               /*个数为 0，没有输入任何有效成绩，不计算平均分*/
        printf("没有输入任何有效成绩！\n");
```

```
    return 0;
}
```

程序运行结果：

```
Enter grades:
输入: 85 98 95.5 97 93 -80
输出: The average grade is 93.7
```

这是一个累加求和问题，循环算式是：total=total+grade;

本题和 2.4 节的循环累加求和问题不同，2.4 节是已知循环次数，用 for 循环实现非常方便。而本题没有给出学生数量，不知道输入数据的个数，所以无法事先确定循环次数，这时，需要自己设计合适的循环条件，可以用一个特殊的数据作为正常输入数据的结束标记(如一个负数)。

4.1.2 while 语句

1. while 语句的一般形式

```
while(表达式)
  循环体语句;
```

其中表达式是循环条件。while 语句的语义是：计算表达式的值，当值为真（非 0）时，执行循环体语句，为假时跳出循环执行下一条语句。其执行过程可用图 4.1 表示。

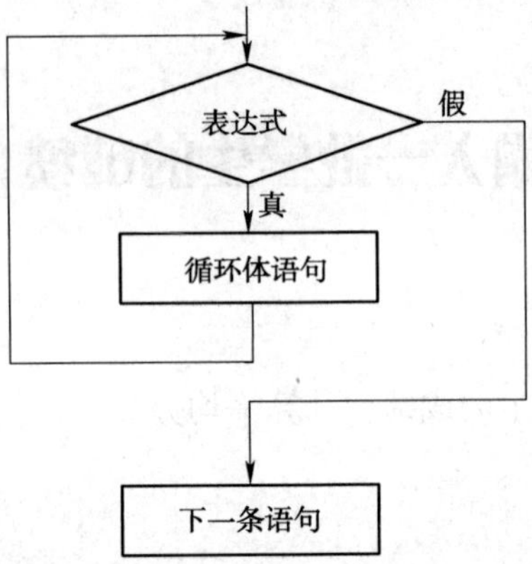

图 4.1　while 循环语句流程图

使用 while 语句应注意以下几点：

（1）while 语句中的表达式一般是关系表达式或逻辑表达式，只要表达式的值为真（非 0）即可继续循环。

（2）循环体如果包含有一个以上的语句，则必须用{}括起来，组成复合语句。

2. while 语句和 for 语句

while 语句和 for 语句的执行机制实质上是一致的，都是循环前先判断条件，当条件为真时执行循环体。

循环一般包括 4 个部分：初始化、条件控制、循环体和改变循环变量。for 语句的 4 个成分（表达式 1，表达式 2，循环体语句，表达式 3）直接包含了上述 4 部分。而在 while 语句中，只有 2 部分（表达式和循环体语句），因此，在 while 循环前需要增加初始化部分，在 while 循环体内包含改变循环变量的语句。

4.1.3　数列问题求解

在数学问题、工程计算中，经常会有级数求和、数列问题，在 C 语言中，一般都可以通过 while 语句实现。

如求 $\sum_{i=1}^{i=100} i$（1+2+3+…+100）、$\sum_{i=1}^{i=n} \frac{1}{i}$（1+1/2+1/3+…+1/$n$），这些已知循环次数的数列问题，在 2.4 节我们学会了采用 for 语句来实现（以 $\sum_{i=1}^{i=n} \frac{1}{i}$ 为例）。

```
sum=0;
for(i=1;i<=n;i++)
    sum=sum+1.0/i;
```

while 语句同样可以完成上述功能：

```
i=1;
sum=0;
while(i<=n)
{
    sum=sum+1.0/i;
    i++;
}
```

而且，while 的使用范围更广、使用方式更灵活。

例 4-2　使用格里高利公式求 π 的近似值，要求精确到最后一项的绝对值小于 10^{-4}。

$$\frac{\pi}{4}=1-\frac{1}{3}+\frac{1}{5}-\frac{1}{7}+\frac{1}{9}-\dots$$

源程序：

```
#include <stdio.h>
#include <math.h>
int main(void)
{
    int  x, flag;
    double item, pi;
    flag=1; x=1; item=1.0; pi=0;      /*循环初始化*/
    while(fabs(item)>=0.0001) {       /*最后一项的绝对值大于 10-4 时执行循环*/
        item=flag * 1.0/x;            /*计算第 i 项的值*/
        pi=pi+item;                   /*累加*/
        flag=-flag;                   /*符号改变*/
        x=x+2;                        /*分母每次递增 2*/
    }
   pi=pi * 4;
   printf("pi=%f\n", pi);
   return 0;
}
```

程序运行结果：

```
输出: pi=3.141793
```

这也是一道级数求和问题，没有明确给出循环次数，只是提出了精度要求，像这类题目用 while 语句较好实现。在进入循环之前，对 item 赋初值 1.0，确保正常进入循环体，在反复计算累加的过程中，每次都重新计算 item 的值，并将它和精度相比较，一旦 item 的绝对值小于 10^{-4} 时，循环终止。

例 4-3　计算 e 的近似值，直到某项小于 10^{-7} 为止。

$$e=1+\frac{1}{1!}+\frac{1}{2!}+\frac{1}{3!}+\cdots\frac{1}{n!}+\cdots$$

源程序：

```
#include <stdio.h>
#include <math.h>
int main(void)
{
    double  e,u;
    int n;
    e=1.0;u=1.0; n=1;                    /*循环初始化*/
    while(u>=1.0e-7)                     /*当某项 u>=1.0e-7 时执行循环体*/
    {
        u=u/n;                           /*计算第 i 项的值*/
        e=e+u;                           /*累加第 i 项的值*/
        n=n+1;                           /*变量 n+1*/
    }
    printf("e=%8.6f\n", e);
    return 0;
}
```

程序运行结果：

输出：e=2.718282

这道题与例 4-2 很相似，没有明确给出循环次数，只是提出了精度要求，也是多项式求和，关键在于如何计算第 i 项的值，读者可自行分析。

4.2　用牛顿迭代法求方程的根

4.2.1　程序解析

例 4-4　用牛顿迭代法求方程 $2x^3-4x^2+3x-6=0$ 的根，要求误差小于 10^{-3}。

源程序：

```
#include <stdio.h>
#include <math.h>
int main(void)
{
    float x,x0,d,f,fd;
    x0=0;                                    /*迭代初值 x0 赋值为 0*/
    do
    {
        f=2*x0*x0*x0-4*x0*x0+3*x0-6;  /*计算方程的值 f*/
        fd=6*x0*x0-8*x0+3;                   /*计算方程求导之后的值 fd*/
        d=f/fd;                              /*计算增量 d=f/fd*/
        x=x0-d;                              /*计算下一个 x, x=x0-d*/
```

```
        x0=x;                          /*把新产生的 x 替换 x0，为下一次迭代做好准备*/
    }while(fabs(d)>1e-3);              /*若 d 绝对值大于 1e-3，则重复循环体*/
    printf("x=%f\n",x);
    return 0;
}
```

程序运行结果：

输出：x=2.000000

牛顿迭代法（Newton's Method）又称为牛顿–拉夫逊方法（Newton–Raphson Method），它是牛顿在 17 世纪提出的一种在实数域和复数域上近似求解方程的方法。

程序流程分析：

① 首先赋值 x0 = 0，即迭代初值；

② 用初值 x0 代入方程中计算此时方程的值 f(x0)及方程求导之后的值 f'(x0)；

③ 计算增量 d=f/fd；

④ 计算下一个 x，x=x0–d；

⑤ 把新产生的 x 替换 x0，为下一次迭代做好准备；

⑥ 若 d 绝对值大于 1e–3，则重复②③④⑤步。直到 d 绝对值小于等于 1e–3，求得近似值 x。

在该题中，使用了一种新的循环程序设计语句，即直到型循环 do-while。

4.2.2　do-while 语句

do-while 语句的一般形式为：

```
do{
    语句
}while(表达式);
```

do-while 语句的执行过程可用图 4.2 表示。第一次执行循环体时不需要判断条件，首先执行循环体语句，然后再检查循环体控制条件，即计算表达式的值，如果值为“真”继续下一次循环，直到计算到表达式的值为“假”时，结束循环。

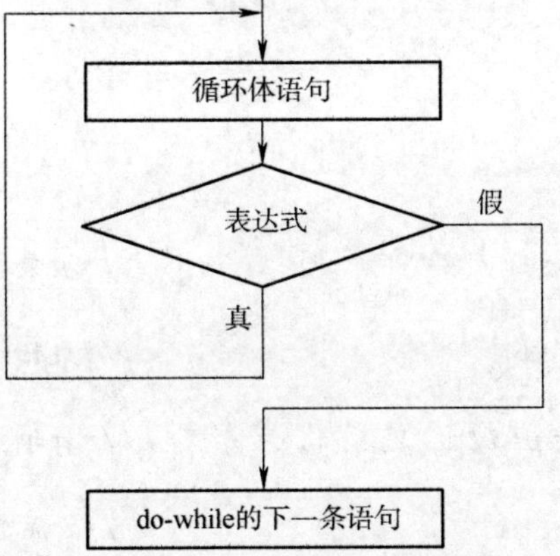

图 4.2　do-while 循环语句流程图

while 和 do-while 语句的比较：

（1）while 是先判别条件，再决定是否循环，如果开始条件为“假”，则循环一次也不执行。

（2）do-while 是先执行循环体语句，然后再根据循环的结果决定是否继续循环：判断表达式是否为真，如果为真则继续循环；如果为假则终止循环。因此，do-while 循环至少要执行一次循环体语句。

4.2.3 循环语句的选择

在 C 语言程序设计中，三种循环（for、while、do-while）都可以用来处理同一个循环问题，可以互相代替。一般说来，如果循环次数明确首选 for 语句；如果循环次数不明确，需要通过其他条件控制循环，则使用 while 语句；如果必须先进入循环，经循环体运算得到循环控制条件后，再判断是否继续循环，则使用 do-while 语句。循环语句的选择可以用下述类 C 语言来描述：

```
if(循环次数已知)
    使用 for 语句
else                             /*循环次数未知*/
    if(循环条件在进入循环时明确)
        使用 while 语句
    else                         /*循环条件需要在循环体中明确*/
        使用 do-while 语句
```

注意：

（1）for 语句功能最强，可以灵活使用。

（2）while 和 do-while 循环，循环体中应包括使循环趋于结束的语句。

（3）用 while 和 do-while 循环时，循环变量初始化的操作应在 while 和 do-while 语句之前完成，而 for 语句可以在表达式 1 中实现循环变量的初始化。

4.3 打印九九乘法表

4.3.1 程序解析

例 4-5 打印九九乘法表。

源程序：

```
#include <stdio.h>
int main(void)
{
    int i,j;
    for(i=1;i<=9;i++)                         /*被乘数 i 从 1 到 9*/
    {
        for(j=1;j<=i;j++)                     /*乘数 j 从 1 到 i*/
        {
           printf("%d*%d=%2d  ",i,j,i*j);     /*打印 i*j 的值*/
        }
      printf("\n");                           /*i 每变化一次，换行*/
    }
    return 0;
}
```

程序运行结果：

```
输出：
1*1= 1
```

```
2*1= 2  2*2= 4
3*1= 3  3*2= 6  3*3= 9
4*1= 4  4*2= 8  4*3=12  4*4=16
......
9*1= 9  9*2=18  9*3=27  9*4=36  9*5=45  9*6=54  9*7=63  9*8=72  9*9=81
```

程序分析：

九九乘法表中，都是由一个整数（用变量 i 来表示）乘以另一个整数（用变量 j 来表示），当 i=1 时，j 可以取 1，得到：

1*1= 1

当 i=2 时，j 可以取 1～2，得到：

2*1= 2　2*2= 4

……

当 i=9 时，j 可以取 1～9，得到：

9*1= 9　9*2=18　9*3=27　9*4=36　9*5=45　9*6=54　9*7=63　9*8=72　9*9=81

因此，用 i 来作为外循环的变量，用 j 作为内循环的变量。

4.3.2　循环的嵌套

一个循环体内又包含另一个完整的循环结构，称为循环的嵌套。内嵌的循环中还可以嵌套循环，称为多层循环。3 种循环（while 循环、do-while 循环和 for 循环）可以互相嵌套。

分析嵌套循环的执行过程：

```
for(i=1;i<=9;i++)                          /*被乘数 i 从 1 到 9*/
{
    for(j=1;j<=i;j++)                      /*乘数 j 从 1 到 i*/
    {
       printf("%d*%d=%2d  ",i,j,i*j);      /*打印 i*j 的值*/
    }
  printf("\n");                            /*i 每变化一次，换行*/
}
```

对于外层循环变量 i 的每个值，内层循环变量 j 都要变化一个轮次，即从 1～i，见表 4.1。

表 4.1　九九乘法表输出

i=1	j=1	输出 1*1= 1
i=2	j=1	输出 2*1= 2
	j=2	输出 2*2= 4
i=3	j=1	输出 3*1= 3
	j=2	输出 3*2= 6
	j=3	输出 3*3= 9
	…………	
i=9	j=1	输出 9*1= 9
	j=2	输出 9*2=18
	……	
	j=9	输出 9*9=81

例 4-6 求 1 到 10 的阶乘和 1!+2!+3!+…+10!

源程序：

```
#include <stdio.h>
int main(void)
{   int i, j;
    int item, sum;                          /*item 存放阶乘*/
    sum=0;                                  /*sum 累加和赋初值 0*/
    for(i=1; i<=10; i++) {
        item=1;                             /*每次求阶乘都从 1 开始*/
        for(j=1; j<=i; j++)                 /*内层循环算出 item 等于 i 的阶乘*/
            item=item * j;
        sum=sum+item;                       /*算出的 i 的阶乘进行累加*/
    }
    printf("1! + 2! + 3 ! + … + 10!=%d\n", sum);
  return 0;
  }
```

程序运行结果：

输出：1! + 2! + 3! + … + 10! = 4037913

程序分析：

这是一个累加求和的问题，共循环 10 次，每次累加一项，循环算式为：

sum=sum+第 i 项。

其中，第 i 项就是 i 的阶乘。但 i 的阶乘不能简单地用一个项 item 直接表示，i 的阶乘=1*2*3*…*i

即 i 的阶乘也是一个连乘的循环过程，需要调用循环语句计算，因此，在第一个循环累加的循环内，又嵌套了一个求阶乘的循环。

在编写嵌套循环程序时，要注意以下问题：

（1）内外层循环变量不能相同。

（2）注意内层循环的初始化问题。

（3）外层循环变量 i 的值每变化一次，内层循环变量 j 变化一个轮次。

（4）内层循环要严格被包含在外层循环内，不能交叉。

4.4 求 素 数

4.4.1 程序解析

例 4-7 判断一个整数是否为素数。

源程序：

```
#include <stdio.h>
int main(void)
{  int i, n;
    printf("Enter a number: ");
    scanf("%d", &n);                        /*输入一个整数 n*/
    for(i=2; i<=n-1; i++)                   /*i 从 2 到 n-1，依次计算 n 能否被 i 整除*/
```

```
        if(n % i== 0)  break;    /*如果n能被i整除，则n不是素数，提前结束循环*/
    if(i>=n )          /*如果循环正常结束则i>=n，说明n不能被[2, n-1]整除，是素数*/
        printf("%d is a prime number! \n", n);
    else               /*如果提前结束循环则i<n，n不是素数*/
        printf("%d is not a prime number! \n", n);
    return 0;
}
```

程序运行结果：

第一次运行：

```
Enter a number:
输入：9
输出：9 is not a prime number!
```

第二次运行：

```
Enter a number:
输入：11
输出：11 is a prime number!
```

程序分析：一个整数 n 是素数是指该数除了 1 和 n 以外，不能被其他数整除。判断 n 是否为素数即判断 n 是否能被 2~n−1 之间的整数整除。设 i 取值 [2, n−1]，如果 n 不能被该区间上的任何一个数整除，即对每个 i，n%i 都不为 0，则 n 是素数；只要找到一个 i，使 n%i 为 0，则 n 肯定不是素数。

由于 n 不可能被大于 n/2（或者 $\sqrt{n}$）的整数整除，所以上述 i 的区间可缩小为[2, n/2]（或者[2, $\sqrt{n}$]）。这样可以提高程序执行效率，读者可自行分析，修改程序。

4.4.2　用 break 语句和 continue 语句改变循环状态

1. 用 break 语句提前退出循环

在前一章中已经介绍过用 break 语句可以使流程跳出 switch 结构，继续执行 switch 结构下面的语句。

当 break 语句用于 do-while、for、while 循环语句中时，可使程序提前终止循环而执行循环后面的语句，通常 break 语句总是与 if 语句联系在一起，即满足条件时便跳出循环。

break 语句的用法为：

```
while(exp){
    语句 1
    if (expb)  break;
    语句 2
}
```

其执行过程可用图 4.3 循环体中使用 break 流程图表示。

当循环结构中出现多个循环条件时，可以由循环语句中的表达式和 break 语句共同控制。break 语句强制循环提前结束。如图 4.3 所示，一旦执行了 break 语句，循环提前结束，不再执行循环体中的任何语句。在循环中，break 语句应该和 if 语句一起使用，即若条件满足才执行 break 语句跳出循环；否则，如果 break 单独使用，即 break 无条件执行，那么将永远不会执行循环体中 break 后面的语句。

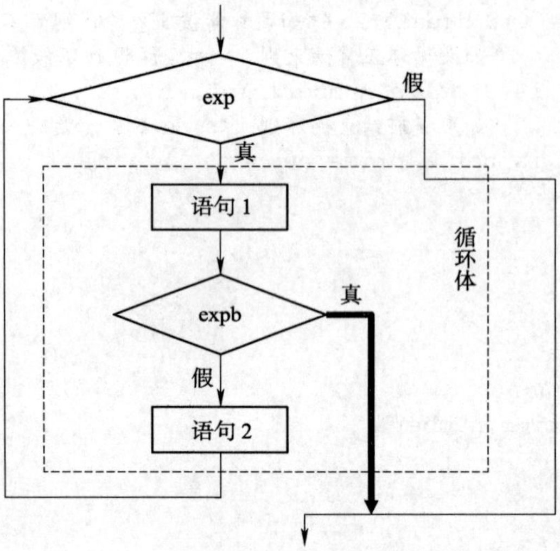

图 4.3　循环体中使用 break 语句流程图

2. 用 continue 语句提前结束本次循环

例 4-8　编程序找出 1 000 之内的所有完数。如果一个数恰好等于它的因子之和，这个数就称为“完数”。

源程序：

```
#include <stdio.h>
int main(void)
{
    int i,j,sum;
    for(i=1;i<=1000;i++)        /*外层循环 i 从 1 到 1000*/
    {
        sum=0;                  /*对每次循环 i，先置 sum 初值为 0*/
        for(j=1;j<i;j++)        /*对每个 i,开始内层循环，从 1 到 i-1 找出 i 的所有因子*/
        {
            if(i%j!=0)          /*如果 j 不能整除 i,则不是 i 的因子，不累加和*/
            continue;           /*跳出本次循环，即跳过 sum+=j，直接进入下一轮循环*/
            sum=sum+j;          /*如果 j 是 i 的因子，则执行累加和*/
        }
        if(sum==i)              /*如果 i 正好等于所有因子和，则 i 是完数，打印 i*/
            printf("%d\n",i);
    }
    return 0;
}
```

程序运行结果：

```
输出:
6
28
496
```

程序分析：

一个数恰好等于它的因子之和，这个数就称为“完数”。例如，6 的因子为 1、2、3，而 6=1+2+3，因此 6 是“完数”。所以，对每一个数 i，都要找出它的所有因子。即需要再嵌套一个循环，对区间[1，i-1]的所有数，判断能否整除 i，如果能整除则是 i 的因子，则累加和；如果不是，什么都不做，直接进入下一轮循环。

在本题中

```
if(i%j!=0)          /*如果 j 不能整除 i,则不是 i 的因子，不累加和*/
    continue;       /*跳出本次循环，即跳过 sum+=j，直接进入下一轮循环*/
sum+=j;             /*如果 j 是 i 的因子，则执行累加和*/
```

使用了 continue 结束本次循环，也可以用 if-else 表示：

```
if(i%j!=0)          /*如果 j 不能整除 i,则不是 i 的因子，不累加和*/
    ;               /*什么也不做*/
else
    sum=sum+j;      /*如果 j 是 i 的因子，则执行累加和*/
```

相当于

```
if(i%j==0)          /*如果 j 能整除 i,则是 i 的因子，累加和；否则什么也不做*/
    sum=sum+j;
```

continue 语句的作用是跳过循环体中剩余的语句（continue 后面的语句）而强行执行下一次循环。continue 语句只用在 for、while、do-while 等循环体中,常与 if 条件语句一起使用，用来加速循环。

continue 语句的用法为：

```
while(exp){
   语句 1
   if (expb)  continue;
   语句 2
}
```

其执行过程可用图 4.4 表示。

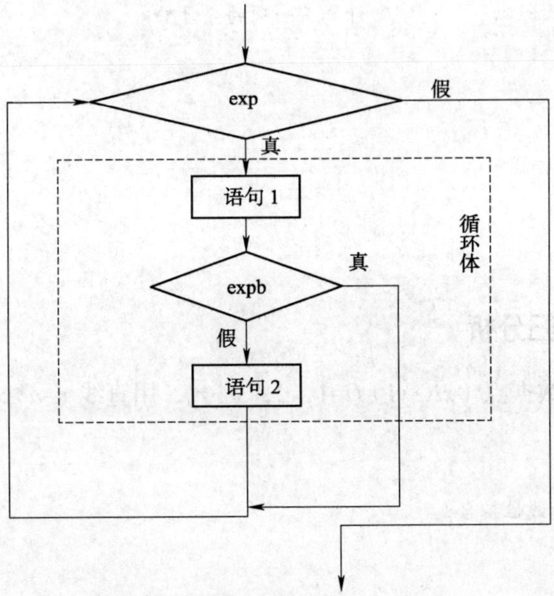

图 4.4　循环体中使用 continue 语句流程图

注意 continue 语句和 break 语句的区别：

（1）break 结束整个循环，而 continue 只是结束本次循环，将跳过 continue 后面的语句继续下一次循环。

（2）break 除了可以用于循环内终止循环外，还可用于 switch 语句；而 continue 只能用于循环内。

4.5 复杂循环结构程序设计

4.5.1 傅里叶级数逼近

例 4-9 已知求正弦 sin(x) 的近似值的多项式公式为：

$$\sin(x)=x-x^3/3!+x^5/5!-x^7/7!+\cdots+(-1)^n x^{2n+1}/(2n+1)!+\cdots$$

编写程序，要求输入 x（单位是弧度）和精度 ε，按上述公式计算 sin(x)的近似值，要求计算的误差小于给定的 ε。

源程序：

```
#include <stdio.h>
#include <math.h>
int main(void)
{
   int i=1,b=1;                    /*初始化*/
   float x,a,c,s=0;
   scanf("%f %f",&x,&c);           /*输入弧度 x 以及要求的误差 c*/
   a=x;
   while(fabs(a/b)>=c)             /*当某一项的绝对值大于等于 c 时继续循环*/
   {  s+=(a/b);                    /*累加和*/
      a=-1*a*x*x;                  /*计算下一项的分子*/
      b=b*2*i*(2*i+1);             /*计算下一项的分母*/
      i++;
   }
   printf("%f\n",s);
   return 0;
}
```

程序运行结果：

```
输入: 0.5   0.001
输出: 0.479167
```

4.5.2 数据处理与回归分析

例 4-10 给定 n 个数据点（xi，yi）(i=1，2，3…n)，用直线 $y=a*x+b$ 做回归分析，求出方程中 a，b 的值。

源程序：

```
//利用最小二乘法进行线性拟合
#include <stdio.h>
#include <math.h>
#define max_size 100
int main(void)
{
    float data[max_size][2];      /*用 data 数组来存放 x,y 的值*/
    float x_sum=0,y_sum=0;
```

```
    float x_avg,y_avg;
    float x,y;
    float Lxy=0,Lxx=0,Lyy=0;
    float r,a,b;
    int i,count=0;
    printf("输入至少 2 组 x,y 的值，输入格式为 x,y");
    printf("输入 -999,-999 表示输入结束! \n");
    while(1)
    {
        scanf("%f,%f",&x,&y);          /*以 x,y 的形式成对输入 x 和 y*/
        if(fabs(x+999)==0&&fabs(y+999)==0) break;
        data[count][0]=x;              /*将输入的值依次存放到数组 data 中*/
        data[count][1]=y;
        count++;
    }
    for(i=0;i<count;i++)
    {
        x_sum=data[i][0]+x_sum;        /*计算输入的 x 的和*/
        y_sum=data[i][1]+y_sum;        /*计算输入的 y 的和*/
    }
    x_avg=x_sum/count;                 /*计算输入的 x 的平均值*/
    y_avg=y_sum/count;                 /*计算输入的 y 的平均值*/
    for(i=0;i<count;i++)
    {
        Lxy=(data[i][0]-x_avg)*(data[i][1]-y_avg)+Lxy;/*计算∑(X-X 平)(Y-Y 平)*/
        Lxx=(data[i][0]-x_avg)*(data[i][0]-x_avg)+Lxx; /*计算∑(X-X 平)²*/
        Lyy=(data[i][1]-y_avg)*(data[i][1]-y_avg)+Lyy; /*计算∑(Y-Y 平)²*/
    }
    //r 用于计算相关系数，相关系数越接近 1，表示相关性越好
    r=Lxy/sqrt(Lxx*Lyy);
    if(r>0.5)
    {
        printf("数据的线性关系较好。\n");
        a=Lxy/Lxx;                     /*计算系数 a*/
        b=y_avg-a*x_avg;               /*计算系数 b*/

        printf("线性拟合的结果为:\n"); /*输出*/
        if(fabs(b)==0)
            printf("y=%3.1fx\n",a);
        else if(b>0)
            printf("y=%3.1fx+%3.2f\n",a,b);
        else if(b<0)
            printf("y=%3.1fx%3.2f\n",a,b);
        printf("相关系数为:%3.2f\n",r);
    }
    else
    {
        printf("数据的线性关系不好!请重新输入数据!\n");
    }
    return 0;
}
```

给出以下 11 个观测点值，求解。

x	0.0	1.0	2.0	3.0	4.0	5.0	6.0	7.0	8.0	9.0	10.0
y	2.75	2.84	2.965	3.01	3.20	3.25	3.38	3.43	3.55	3.66	3.74

程序运行结果：

```
输入:
0.0, 2.75
1.0, 2.84
2.0, 2.965
3.0, 3.01
4.0, 3.20
5.0, 3.25
6.0, 3.38
7.0, 3.43
8.0, 3.55
9.0, 3.66
10.0, 3.74
-999, -999
输出:
    数据的线性关系较好。
线性拟合的结果为: y=0.1x+2.75
相关系数为: 1.0
```

程序分析：

```
于 Y=aX+b:
Lxy=计算∑(X-X 平)(Y-Y 平)
Lxx=计算∑(X-X 平)²
Lyy=计算∑(Y-Y 平)²
相关系数 r=Lxy/sqrt(Lxx*Lyy);
a=Lxy/Lxx;
b=y_avg-a*x_avg;
```

本题中，用二维数组 data 来存储循环输入的数据样本。其中，data[i][0]存放 x 的值，data[i][1]存放 y 的值。

该题目用到了新的数据类型——数组，同学们可先预习数组的相关知识。

习　　题

一、选择题

1. 下述循环的循环次数是（　　）次。

```
int k=2;
while(k=0)
{
  printf("%d",k);
  k--;
}
printf("\n");
```

A. 0　　B. 1　　C. 2　　D. 无限次

2. 在下列选项中，没有构成死循环的程序段是（　　）。

A.
```
int i=100;
 while(1)
{i=i%100+1;
 if(i>100)break;
}
```

B.
```
for(;;)
```

C.
```
int k=1000;
do{++k;}
while(k>=10000);
```

D.
```
int s=36;
while(s);
--s;
```

3. 若变量已正确定义，要求程序段完成求5!的计算，不能完成此操作的程序段是（　　）。

A. for(i=1,p=1;i<=5;i++) p*=i;

B. for(i=1;i<=5;i++){ p=1; p*=i;}

C. i=1;p=1;while(i<=5){p*=i; i++;}

D. i=1;p=1;do{p*=i; i++; }while(i<=5);

4. 以下叙述正确的是（　　）。

A. do-while 语句构成的循环不能用其他语句构成的循环来代替

B. do-while 语句构成的循环只能用 break 语句退出

C. 用 do-while 语句构成的循环,在 while 后的表达式为非零时结束循环

D. 用 do-while 语句构成的循环,在 while 后的表达式为零时结束循环

5. 以下叙述中正确的是（　　）。

A. break 语句只能用于 switch 语句体中

B. continue 语句的作用是：使程序的执行流程跳出包含它的所有循环

C. break 语句只能用在循环体内和 switch 语句体内

D. 在循环体内使用 break 语句和 continue 语句的作用相同

6. 以下程序的运行结果是（　　）。

```
#include <stdio.h>
int main(void)
{
    int i;
    for(i='a';i<'f';i=i+2) printf("%c",i-'a'+'A');
    printf("\n");
    return 0;
}
```

A. ace　　B. ACE　　C. abcde　　D. ABCDE

7. 执行下面程序片段的结果是（　　）。

```
int x=23;
do
{ printf("%2d",x--);}
while(!x);
```

A. 打印出 321　　B. 打印出 23

C. 不打印任何内容　　D. 陷入死循环

8. 下面程序段的运行结果是（　　）。

```
#include <stdio.h>
int main(void)
{
int  i, sum=0;
for(i=1;i<=3;i++)
   sum=sum+i;
printf("%d\n",sum);
}
```

A. 0　　B. 3　　C. 6　　D. 10

9. 以下程序的输出结果是（　　）。

```
#include <stdio.h>
int main(void)
{
    int i,j,m=55;
    for(i=1;i<=3;i++)
        for(j=3;j<=i;j++) m=m%j;
    printf("%d\n",m);
return 0;
}
```

A. 1　　B. 2　　C. 3　　D. 55

10. 执行下面的程序后，a 的值为（　　）。

```
#include <stdio.h>
int main(void)
{
  int a,b;
  for(a=1,b=1;a<=100;a++)
  {
    if(b>=20)    break;
    if(b%3==1)
    {b=b+3;continue;}
    b=b-5;
  }
return 0;
}
```

A. 7　　B. 8　　C. 9　　D. 10

二、编程题

1. 编程求 1-3+5-7+9-11+…-99+101 的值。

2. 读入一批正整数（以零或负数为结束标志），求其中的偶数和。

3. 打印出所有的“水仙花数”，所谓“水仙花数”是指一个三位数，其各位数字立方和等于该数本身。例如：153 是一个“水仙花数”，因为 153=1*1*1 + 5*5*5 + 3*3*3。

4. 编写程序，计算 2/1+3/2+5/3+8/5+…的近似值。要求计算前 n 项之和，保留 2 位小数（该序列从第二项起，每一项的分子是前一项分子与分母的和，分母是前一项的分子）。

5. 编写程序：输入两个正整数，输出它们的最大公约数。例如，若输入的两个正整数是 21 和 49，则输出最大公约数是 7。求两个正整数的最大公约数最常用的方法是“辗转相除法”。该方法是以两数中较大的数除以较小的数，得到的余数与原来较小的数构成新的一对数，再以较大的数除以较小的数，如此进行下去，直到余数为 0 为止，则较小的数就是最大公约数。

6. 从键盘输入一个整数 n（设 $0 \leqslant n \leqslant 99999$），统计各个位数中 0 的个数，并求出各个位数中的最大者。例如，输入 60089，输出 count=2,max=9。

7. 输入若干非 0 实数，直到输入 0 时停止，要求输入的实数最多不超过 20 个，统计其中正数的个数、负数的个数。

8.（古代数学问题）公元五世纪末，我国古代数学家张丘建在《算经》中提出了如下问题：鸡翁一值钱五，鸡母一值钱三，鸡雏三值钱一。凡百钱买百鸡，问鸡翁、母、雏各几何？

9. 输入 2 个整数 a 和 n，求 a+aa+aaa+aa…a（n 个 a）之和。例如，输入 2 和 3，输出 246（2 + 22 + 222）。

10. 统计任一整数中某个数字出现的次数，例如，输入 234456 和 4，输出 2 次。

第5章　数据类型和表达式

通过前面四章的学习，我们已经了解了 C 语言程序设计的基本内容，并能编写一些简单的程序。在这一章里，将对前四章的语法内容进行总结和补充，讲解数据类型和表达式，并辅以实例。

5.1　C 语言的基本数据类型

C 语言中，数据结构是以数据类型的形式来体现的。数据类型是指数据的内在存储方式。C 语言提供了丰富的数据类型，如图 5.1 所示。

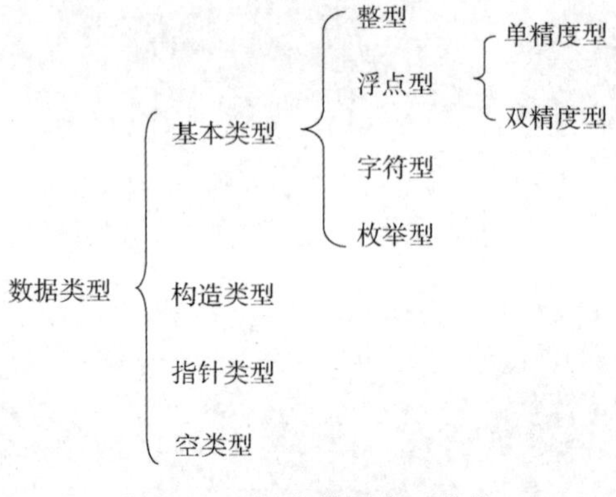

图 5.1　C 语言数据类型分类

从另一个角度来分，C 语言中的数据又分为常量与变量，无论是常量与变量都具有上述这些类型。归纳基本的数据类型及其表示范围，可参见表 5.1。

表 5.1　基本的数据类型及其表示范围

类 型 名	类 型	字节	表 示 范 围
char	字符型	1	−128 ~127
unsigned char	无符号字符型	1	0 ~255
signed char	有符号字符型（与字符型相同）	1	−128 ~127
int	整型	4	-2^{31} ~（$2^{31}-1$）
unsigned int	无符号整型	2	-2^{15} ~（$2^{15}-1$）
signed int	有符号整型（与整型相同）	4	-2^{31} ~（$2^{31}-1$）

续表

类 型 名	类 型	字节	表 示 范 围
short int	短整型	2	–32 768~ 32 767
unsigned short int	无符号短整型	2	0~65 535
signed short int	有符号短整型（与短整型相同）	2	–32 768~ 32 767
long int	长整型	4	–2 147 483 648 ~2 147 483 647
signed long int	有符号长整型（与长整型相同）	4	–2 147 483 648 ~ 2 147 483 647
unsigned long int	无符号长整型	4	0~4 294 967 295
float	浮点型	4	3.4E +/–38 (7 位有效数字)
double	双精度型	8	1.7E +/–308 (15 位有效数字)
long double	长双精度型	10	1.2E +/–4932 (19 位有效数字)

需要说明的是：C 语言并没有规定各类数据的长度，不同的编译系统对数据类型的表示范围规定不同，表 5.1 与 Visual C++的规定一致，本书所有程序均在 Visual C++环境下运行。

5.2 常量和变量

对于基本数据类型量，按其取值是否可改变又分为常量和变量两种。在程序执行过程中，其值不发生改变的量称为常量，其值可变的量称为变量。它们可与数据类型结合起来分类。例如，可分为整型常量、整型变量、浮点常量、浮点变量、字符常量、字符变量、枚举常量、枚举变量。在程序中，常量是可以不经说明而直接引用的，而变量则必须先定义后使用。

整型量包括整型常量、整型变量。

5.2.1 常量

常量：在程序执行过程中，其值不会发生变化的数据。常量在程序中不需要进行任何形式的说明就可以使用，因为常量本身就隐含了数据类型。

例如：8，–5 为整型常量；8.6，–5.0 为实型常量，'a'为字符型常量；"abcd"为字符串常量。

C 语言中有 4 种基本常量：整型常量、实型常量、字符常量和字符串常量等。

1. 整型常量

整型常量也称整数，包括正数、负数和零。C 语言中整型常量有 3 种表示形式：

（1）十进制整型数：23，–56，0。

（2）八进制整型数：023，–056。

（3）十六进制整数：0x5a，–0x9c。

2. 实型常量

实型常量即实数，又称为浮点数。在 C 语言中实数只能用十进制表示，且有两种表示方法：小数形式和指数形式。

（1）小数形式。

一般格式：± 整数部分.小数部分。

例如：123.456，789.0，789.，-12。

（2）指数形式。

一般格式：± 尾数部分 E（或 e）± 指数部分。指数形式用于表示很大或很小的数。

例如：26e3, 78e-5 均为指数形式的实数，它们表示的数值分别是 26×10^{3}，78×10^{-5}。

注意：字母 E（或 e）前面必须有数字，字母 E 后面的指数必须为整数，且指数形式的 3 个组成部分都不能省略。

3. 字符常量

C 语言中有两种类型的字符常量

（1）用一对单引号括起来的单个字符。

例如：'A'，'a'，'9'，'#'，'%'均为字符常量。

（2）以'\'开头的字符序列——转义字符。

转义字符是特殊形式的字符常量，是非显示字符，起相应的控制作用。常见的转义字符见附录 D。

4. 字符串常量

字符串常量是用一对双引号括起来的字符序列。

例如："hello" "how are you" "abcd"均是字符串常量。

5. 符号常量

C 语言中还允许使用符号常量，即用一个标识符代表一个常量。标识符一般用大写。符号常量在使用之前必须先定义，一般格式为：

```
#define 标识符 常量表达式（或字符串）
```

其中，#define 也是一条预处理命令（预处理命令都以"#"开头），称为宏定义命令（在后面预处理程序中将进一步介绍），其功能是把该标识符定义为其后的常量值。一经定义，以后在程序中所有出现该标识符的地方均代之以该常量值。

例 5-1 符号常量的使用。

源程序：

```
#include <stdio.h>
#define PRICE 30
int main(void)
{
    int num,total;
    num=10;
    total=num* PRICE;
    printf("total=%d\n",total);
    return 0;
}
```

程序运行结果：

```
输出：total=300
```

程序解析：用标识符代表一个常量，称为符号常量。符号常量与变量不同，它的值在其作用域内不能改变，也不能再被赋值。习惯上符号常量的标识符用大写字母，变量标识符用小写字母，以示区别。使用符号常量的好处是：含义清楚，能做到“一改全改”。

5.2.2　变量

1. 变量的基本概念

（1）变量的含义。

变量是指在程序执行过程中，其值可以发生变化的数据。

每个变量应该有个名字，变量的命名应符合标识符的规则。按照“见名知意”的原则自由命名。

变量与数据类型结合起来可分为：整型变量、实型变量、字符变量、数组变量等。

（2）变量的存储。

每一个变量都要使用存储单元来存储其值。当程序需要处理该变量时，就到相应存储单元中读取其值（读取操作并不改变存储单元的内容）。为了便于存储管理，给每个存储单元分配一个序号，这个序号叫作地址。对变量的操作依据地址进行（可读可写）。若变量在一个存储单元存不下，则可以使用多个存储单元。当使用多个存储单元时，则第一个存储单元的地址（首地址）就作为变量的地址。

例如，变量 x 的值为 8，而 x 的地址为 1800H（十六进制），则 1800H 存储空间中存储的内容就是数值 8。

（3）变量定义。

在程序中，常量可以不经定义直接引用，而变量必须先定义后使用。

定义变量的一般格式为：

```
数据类型  变量名表;
```

例如：

```
int a;          //定义了一个整型变量 a
folat b;        //定义了一个单精度实型变量 b
double c;       //定义了一个双精度实型变量 c
char ch;        //定义了一个字符型变量 ch
```

变量的定义放在变量使用之前。一般放在函数体的开头部分。要注意区分变量名和变量值是两个不同的概念。

变量一经定义，每一个变量就有一种确定的类型，在编译时就能为其分配相应的存储单元。同时在编译时，系统还能查出该变量参与的运算是否合法。假如 a、b 指定为实型变量，则进行 a%b 运算时，编译系统就会给出有关出错的信息，原因是取余运算符“%”要求两个操作数均为整型。

（4）变量赋初值。

定义好的变量，应该先赋值，后引用。变量赋初值一般有三种方法：

① 定义变量时对它赋初值。

```
int a=5, b=3;
```

② 使用赋值表达式对它赋初值。

```
int a, b;
a=5;
b=3;
```

③ 使用输入函数对它赋初值。

```
int a, b;
scanf("%d%d", &a, &b);
```

2. 不同数据类型之间的数据转换与运算

整型（包括 int、short、long 型）和实型（包括 float、double 型）数据可以混合运算。由于字符型数据可以与整型通用，因此，整型、实型、字符型数据可以混合运算。例如：5+3.14-5.416*'a'-'b'是合法的。

在进行运算时，不同类型的数据先要转换成同一类型，然后进行运算。这种类型转换工作是自动完成的。转换规则是：

char<int<long<float<double

自左向右数据长度增加。即参加运算的各个变量都转换为它们之中数据最长的数据类型。需要指出的是，进行数据类型转换只是在某次运算时的暂时需要，并不改变数据说明时对该变量规定的数据类型。

5.3 运算符和表达式

C 语言中运算符和表达式数量之多，在高级语言中是少见的。正是丰富的运算符和表达式使 C 语言功能十分完善。这也是 C 语言的主要特点之一。

C 语言的运算符可分为以下几类：

（1）算术运算符：用于各类数值运算，包括加（+）、减（-）、乘（*）、除（/）、求余（或称模运算，%）、自增（++）、自减（--）共七种。

（2）关系运算符：用于比较运算，包括大于（>）、小于（<）、恒等于（==）、大于等于（>=）、小于等于（<=）和不等于（!=）六种。

（3）逻辑运算符：用于逻辑运算，包括与（&&）、或（||）、非（!）三种。

（4）位操作运算符：参与运算的量，按二进制位进行运算，包括位与（&）、位或（|）、位非（~）、位异或（^）、左移（<<）、右移（>>）六种。

（5）赋值运算符：用于赋值运算，分为简单赋值（=）、复合算术赋值（+=，-=，*=，/=，%=）和复合位运算赋值（&=，|=，^=，>>=，<<=）三类共十一种。

（6）条件运算符：这是一个三目运算符，用于条件求值（?:）。

（7）逗号运算符：用于把若干表达式组合成一个表达式（，）。

（8）指针运算符：用于取内容（*）和取地址（&）两种运算。

（9）求字节数运算符：用于计算数据类型所占的字节数（sizeof）。

（10）特殊运算符：有括号()，下标[]，成员（→，.）等几种。

C 语言的运算符不仅具有不同的优先级，而且还有一个特点，就是它的结合性。在表达式中，各运算量参与运算的先后顺序不仅要遵守运算符优先级别的规定，还要受运算符结合性的制约，以便确定是自左向右进行运算还是自右向左进行运算。这种结合性是其他高级语言的运算符所没有的，因此也增加了 C 语言的复杂性。

5.3.1　算术运算符和算术表达式

1. 基本的算术运算符

（1）加法运算符“+”：加法运算符为双目运算符，即应有两个量参与加法运算，如 a+b，4+8 等，具有右结合性。

（2）减法运算符“-”：减法运算符为双目运算符。但“-”也可作负值运算符，此时为单目运算，如-x，-5 等具有左结合性。

（3）乘法运算符“*”：乘法运算符为双目运算符，具有左结合性。

（4）除法运算符“/”：除法运算符为双目运算符，具有左结合性。参与运算量均为整型时，结果也为整型，舍去小数。如果运算量中有一个是实型，则结果为双精度实型。

例 5-2　算术运算符。

源程序：

```
#include <stdio.h>
int main(void)
{
    printf("%d,%d\n",20/7,-20/7);
    printf("%f,%f\n",20.0/7,-20.0/7);
    return 0;
}
```

程序运行结果：

```
输出：
2, -2
2.857143, -2.857143
```

本例中，20/7，-20/7 的结果均为整型，小数全部舍去。而 20.0/7 和-20.0/7 由于有实数参与运算，因此结果也为实型。

（5）求余运算符(模运算符)“%”：求余运算符为双目运算符，具有左结合性。要求参与运算的量均为整型。求余运算的结果等于两数相除后的余数。

例 5-3　输出 100 除以 3 所得的余数。

源程序：

```
#include <stdio.h>
int main(void)
{
    printf("%d\n",100%3);
    return 0;
}
```

程序运行结果：

```
输出：1
```

2. 算术表达式、运算符的优先级和结合性

表达式是由常量、变量、函数和运算符组合起来的式子。一个表达式有一个值及其类型，它

们等于计算表达式所得结果的值和类型。表达式求值按运算符的优先级和结合性规定的顺序进行。单个的常量、变量、函数可以看作是表达式的特例。

算术表达式是由算术运算符和括号连接起来的式子。

（1）算术表达式：用算术运算符和括号将运算对象（也称操作数）连接起来的、符合 C 语法规则的式子。

以下是算术表达式的例子：

```
a+b
(a*2)/c
(x+r)*8-(a+b)/7
++I
sin(x)+sin(y)
(++i)-(j++)+(k--)
```

（2）运算符的优先级：C语言中，运算符的运算优先级共分为 15 级。1 级最高，15 级最低。在表达式中，优先级较高的先于优先级较低的进行运算。而在一个运算量两侧的运算符优先级相同时，则按运算符的结合性所规定的结合方向处理。

（3）运算符的结合性：C 语言中各运算符的结合性分为两种，即左结合性（自左向右）和右结合性（自右向左）。例如，算术运算符的结合性是自左向右，即先左后右。如有表达式 x-y+z 则 y 应先与“-”号结合，执行 x-y 运算，然后再执行+z 的运算。这种自左向右的结合方向就称为“左结合性”。而自右向左的结合方向称为“右结合性”。最典型的右结合性运算符是赋值运算符。如 x=y=z，由于“=”的右结合性，应先执行 y=z 再执行 x=(y=z)运算。C 语言运算符中有不少为右结合性，应注意区别，以避免理解错误。

5.3.2 强制类型转换运算符

一般形式为：

```
(类型说明符) (表达式)
```

其功能是把表达式的运算结果强制转换成类型说明符所表示的类型。

例如：

```
(float) a       //把 a 转换为实型
(int)(x+y)      //把 x+y 的结果转换为整型
```

5.3.3 自增、自减运算符

自增 1 运算符：记为“++”，其功能是使变量的值自增 1。

自减 1 运算符：记为“--”，其功能是使变量的值自减 1。

自增 1、自减 1 运算符均为单目运算，都具有右结合性。可有以下几种形式：

（1）++i：i 自增 1 后再参与其他运算。

（2）--i：i 自减 1 后再参与其他运算。

（3）i++：i 参与运算后，i 的值再自增 1。

（4）i--：i 参与运算后，i 的值再自减 1。

在理解和使用上容易出错的是 i++和 i--。特别是当它们出现在较复杂的表达式或语句中时，常常难于弄清，因此应仔细分析。

例如：若有 int y，i=2；对于 y=i++；是先做 y=i；再做 i=i+1；所以运行后 y=2，i=3。而对于 y=++i；是先做 i=i+1；再做 y=i；所以运行后 i=3，y=3。请同学们理解并上机实验。

例 5-4　自增、自减运算符。

源程序:

```
#include <stdio.h>
int main(void)
{
    int i=8;
    printf("%d\n",++i);
    printf("%d\n",--i);
    printf("%d\n",i++);
    printf("%d\n",i--);
    printf("%d\n",-i++);
    printf("%d\n",-i--);
    return 0;
}
```

程序运行结果：

```
输出:
9
8
8
9
-8
-9
```

i 的初值为 8，第 2 行 i 加 1 后输出故为 9；第 3 行减 1 后输出故为 8；第 4 行输出 i 为 8 之后再加 1（i 为 9）；第 5 行输出 i 为 9 之后再减 1（i 为 8）；第 6 行输出-8 之后再加 1（i 为 9），第 7 行输出-9 之后再减 1（i 为 8）。

例 5-5　自增、自减运算符。

源程序:

```
#include <stdio.h>
int main(void)
{
    int i=5,j=5,p,q;
    p=(i++)+(i++);
    q=(++j)+(++j);
    printf("%d,%d,%d,%d",p,q,i,j);
    return 0;
}
```

程序运行结果：

```
输出:
10, 14, 7, 7
```

这个程序中，对 p=(i++)+(i++)应理解为两个 i 先相加，故 p 值为 10。然后 i 再自增 1 两次相当于加 2，故 i 的最后值为 7。而对于 q 的值则不然，q=(++j)+(++j)应理解为 i 先自增 1 两次，再参与运算，由于 i 自增 1 两次后值为 7，两个 7 相加的和为 14，j 的最后值仍为 7。

5.3.4 赋值运算符和赋值表达式

1. 赋值运算符

简单赋值运算符和表达式：简单赋值运算符记为“=”。由“=”连接的式子称为赋值表达式。其一般形式为：

```
变量=表达式
```

例如：

```
x=a+b
w=sin(a)+sin(b)
y=i+++--j
```

赋值表达式的功能是计算表达式的值再赋予左边的变量。赋值运算符具有右结合性。因此

```
a=b=c=5
```

可理解为：

```
a=(b=(c=5))
```

在其他高级语言中，赋值构成了一个语句，称为赋值语句。而在 C 中，把“=”定义为运算符，从而组成赋值表达式。凡是表达式可以出现的地方均可出现赋值表达式。

例如，式子：

```
x=(a=5)+(b=8)
```

是合法的。它的意义是把 5 赋予 a，8 赋予 b，再把 a，b 相加，和赋予 x，故 x 应等于 13。

在 C 语言中也可以组成赋值语句，按照 C 语言规定，任何表达式在其末尾加上分号就构成语句。因此如

```
x=8;a=b=c=5;
```

都是赋值语句，在前面各例中我们已大量使用过了。

如果赋值运算符两边的数据类型不相同，系统将自动进行类型转换，即把赋值号右边的类型换成左边的类型。具体规定如下：

（1）实型赋予整型，舍去小数部分。前面的例子已经说明了这种情况。

（2）整型赋予实型，数值不变，但将以浮点形式存放，即增加小数部分（小数部分的值为 0）。

（3）字符型赋予整型，由于字符型为一个字节，而整型为两个字节，故将字符的 ASCII 码值放到整型量的低八位中，高八位为 0。整型赋予字符型，只把低八位赋予字符量。

例 5-6 赋值运算符。

源程序：

```
#include <stdio.h>
int main(void)
{
    int a,b=322;
    float x,y=8.88;
    char c1='k',c2;
    a=y;
    x=b;
    a=c1;
    c2=b;
```

```
    printf("%d,%f,%d,%c",a,x,a,c2);
    return 0;
  }
```

程序运行结果：

```
输出:
107, 322.000000, 107, B
```

本例表明了上述赋值运算中类型转换的规则。a 为整型，赋予实型量 y 值 8.88 后只取整数 8。x 为实型，赋予整型量 b 值 322 后，增加了小数部分。字符型量 c1 赋予 a 变为整型，整型量 b 赋予 c2 后取其低八位成为字符型（b 的低八位为 01000010，即十进制 66，按 ASCII 码对应于字符 B）。

2. 复合的赋值运算符

在赋值符“=”之前加上其他二目运算符可构成复合赋值符，如+=，-=，*=，/=，%=，<<=，>>=，&=，^=，|=。

构成复合赋值表达式的一般形式为：

```
变量  双目运算符=表达式
```

它等效于：

```
变量=变量 运算符 表达式
```

例如：

```
a+=5           等价于 a=a+5
x*=y+7         等价于 x=x*(y+7)
r%=p           等价于 r=r%p
```

初学者对复合赋值符这种写法可能不习惯，但该运算符十分有利于编译处理，能提高编译效率并产生质量较高的目标代码。

5.3.5　关系运算符和表达式

1. 关系运算符

C 语言提供的以下关系运算符：

（1）<：小于运算符。如 a<4。

（2）<=：小于等于运算符。如 3<=5。

（3）>：大于运算符。如 x>y。

（4）>=：大于等于运算符。如 x>=0。

（5）==：恒等于运算符。如 a==b。

（6）!=：不等于运算符。如 y!=1。

对两个数据进行值的比较时，其结果有两个，其中成立为“真”，不成立为“假”。在 C 语言中，任何非 0 值为“真”，0 值为“假”。关系运算的结果仅产生两个值：1 表示“真”，0 表示“假”。

2. 关系运算符结合性与优先级

关系运算符的结合性为“从左往右”，如表 5.2 所示。

表 5.2 关系运算符的优先级

运 算 符	相对优先级
<、<=、>、>=	1
!=、==	2

3. 关系表达式

用关系运算符将两个数据或表达式连接起来的式子，称为关系表达式。关系表达式的值为 1 或 0。

例 5-7 计算关系表达式。

源程序：

```
#include <stdio.h>
int main(void)
{
    int number;
    number = (5 == 5);
    printf("%d\n ",number);
    number = (5 != 5);
    printf("%d\n ", number);
    number= (12 == 12) + (5 != 1);
printf("%d\n",number);
return 0;
}
```

输入输出示例：

输出：

```
1
0
2
```

5.3.6 逻辑运算符和表达式

1. 逻辑运算符

逻辑运算表示两个数据或表达式之间的逻辑关系。C 语言提供的逻辑运算符有三种：逻辑与运算符“&&”、逻辑或运算符“||”、逻辑非运算符“!”。

逻辑运算的结果有两个：“真”为 1 和“假”为 0。

例 5-8 逻辑运算符。

源程序：

```
#include <stdio.h>
int main(void)
{
    printf("%d,%d,%d,%d\n",(4>3)&&(5>1),(4<3)&&(5>1),(4>3)&&(5<1),(4<3)&&(5<1));
    printf("%d,%d,%d,%d\n",(4>3)||(5>1),(4<3)||(5>1),(4>3)||(5<1),(4<3)||(5<1));
    printf("%d,%d\n",!(4>3),!(4<3));
    return 0;
}
```

程序运行结果：

```
输出：
1, 0, 0, 0
1, 1, 1, 0
0, 1
```

2. 逻辑运算符的结合性与优先级

逻辑运算符“!”的结合性为“从右向左”、“&&”和“||”的结合性为“从左向右”。

逻辑运算符的优先级为“!”高于“&&”高于“||”。例如，表达式!(3<4) || (2>5)&&(4>1)，则!的运算结果为假、&&的运算结果为假，最终||的结果为假，即该表达式的值为 0。

“!”的优先级高于算术运算符，“&&”和“||”的优先级低于关系运算符，如图 5.2 所示。

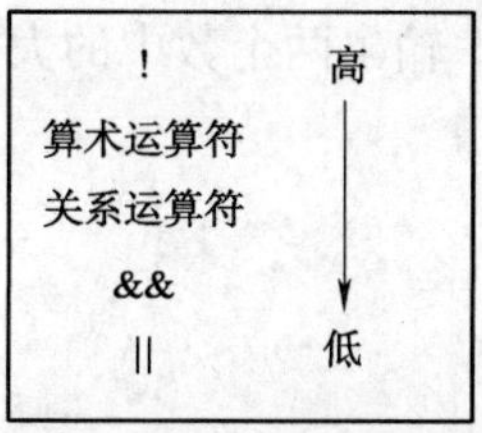

图 5.2　逻辑运算符优先级

3. 逻辑表达式

逻辑表达式的值为 1 或 0。由于 C 语言编译系统在判断一个量为“真”或“假”时，以 0 为“假”，以非 0 为“真”。所以逻辑运算符也可以直接连接数据，如!4 的结果为 0、3&&0 的结果为 0。

注意：逻辑运算符&&与||有一些较为特殊的属性。由&&与||连接的表达式按从左到右的顺序进行求值，并且在知道结果值为真或假后立即停止计算。绝大多数 C 语言运用了这些属性。

5.3.7　条件表达式

如果在条件语句中，只执行单个的赋值语句时，常可使用条件表达式来实现。不但使程序简洁，也提高了运行效率。

条件运算符为?和:，它是一个三目运算符，即有三个参与运算的量。

由条件运算符组成条件表达式的一般形式为：

```
表达式 1？ 表达式 2： 表达式 3
```

其求值规则为：如果表达式 1 的值为真，则以表达式 2 的值作为条件表达式的值，否则以表达式 2 的值作为整个条件表达式的值。

条件表达式通常用于赋值语句之中。例如条件语句：

```
if(a>b)  max=a;
else max=b;
```

可用条件表达式写为：

```
max=(a>b)?a:b;
```

执行该语句的语义是：如 a>b 为真，则把 a 赋予 max，否则把 b 赋予 max。

使用条件表达式时，还应注意以下几点：

（1）条件运算符的运算优先级低于关系运算符和算术运算符，但高于赋值符。

```
max=(a>b)?a:b
```

可以去掉括号而写为：

```
max=a>b?a:b
```

（2）条件运算符“?”和“:”是一对运算符，不能分开单独使用。

（3）条件运算符的结合方向是自右向左。

例如：

```
a>b?a:c>d?c:d
```

应理解为：

```
a>b?a:(c>d?c:d)
```

这是条件表达式嵌套的情形，即其中的表达式 3 又是一个条件表达式。

例 5-9 用条件表达式求最大值，输出两个数中的大数。

源程序：

```
#include <stdio.h>
int main(void)
{
    int a,b,max;
    printf("input two numbers:\n");
    scanf("%d%d",&a,&b);
    printf("max=%d\n",a>b?a:b);
    return 0;
}
```

程序运行结果：

```
input two numbers:
输入：10  6
输出：max=10
```

5.3.8 逗号表达式

在C语言中逗号“,”也是一种运算符，称为逗号运算符。其功能是把两个表达式连接起来组成一个表达式，称为逗号表达式。

其一般形式为：

```
表达式1,表达式2
```

其求值过程是分别求两个表达式的值，并以表达式 2 的值作为整个逗号表达式的值。

例 5-10 逗号表达式示例。

源程序：

```
#include <stdio.h>
int main(void)
{
    int a=2,b=4,c=6,x,y;
    y=(x=a+b),(b+c);
    printf("y=%d,x=%d",y,x);
    return 0;
}
```

程序运行结果：

```
输出：y=6，x=6
```

本例中，y 等于整个逗号表达式的值，也就是表达式 2 的值，x 是第一个表达式的值。对于逗号表达式还要说明两点：

逗号表达式一般形式中的表达式 1 和表达式 2 也可以是逗号表达式。

例如：

```
表达式 1,(表达式 2,表达式 3)
```

形成了嵌套情形。因此可以把逗号表达式扩展为以下形式：

```
表达式 1,表达式 2,…表达式 n
```

整个逗号表达式的值等于表达式 n 的值。

程序中使用逗号表达式，通常是要分别求逗号表达式内各表达式的值，不一定要求整个逗号表达式的值。并不是在所有出现逗号的地方都组成逗号表达式，如在变量说明中，函数参数表中逗号只是用作各变量之间的间隔符。

5.4　综合程序设计案例

例 5-11　傅里叶级数逼近已知求正弦 sin(x)的近似值的多项式公式为：

$\sin(x) = x - x^3/3! + x^5/5! - x^7/7! + \cdots + (-1)^n x^{2n+1}/(2n+1)! + \cdots$

编写程序，要求输入 x（单位是弧度）和精度 ε，按上述公式计算 sin(x)的近似值，要求计算的误差小于给定的 ε。

源程序：

```c
#include <stdio.h>
#include <math.h>
int main(void)
{
   int i=1,b=1;                  /*初始化*/
   float x,a,c,s=0;
   scanf("%f %f",&x,&c);       /*输入弧度 x 以及要求的误差 c*/
   a=x;
   while(fabs(a/b)>=c)          /*当某一项的绝对值大于等于 c 时继续循环*/
   {  s+=(a/b);                  /*累加和*/
      a=-1*a*x*x;               /*计算下一项的分子*/
      b=b*2*i*(2*i+1);          /*计算下一项的分母*/
      i++;
   }
   printf("%f\n",s);
   return 0;
}
```

程序运行结果：

```
输入：0.5　　0.001
输出：0.479167
```

程序解析：这个问题是工程领域常用的傅里叶级数逼近，类似于第四章中的级数计算，虽然每一项中含有阶乘运算和指数，但是又不难发现前一项与后一项的分子分母都存在联系，故无须单独计算每一项中含有的阶乘和指数。从程序结构上来讲，主要是运用了循环结构，只是循环体较为复杂，误差小于给定的 ε 可视为循环条件，循环次数不确定故使用 while 语句较为合适，具体分析请看程序中的注释。

5.5 算法与流程设计

5.5.1 算法的基本概念

算法是对特定问题求解步骤的一种描述。或者说，算法是为求解某问题而设计的步骤序列。求解同样的问题，不同的人写出的算法可能是不同的（一题多解）。算法的执行效率与数据结构的优劣有很大的关系。本节我们将通过一个具体的例子来讨论算法的定义和特点，以及如何描述算法。

下面我们通过一个具体的例子来说明算法的概念以及程序设计的主要过程。

例 5-12 求 1 ~ 100 间所有偶数的和。

1. 问题分析与算法设计

本问题要求在一定范围内（1 ~ 100）、满足一定条件（偶数）的若干整数的和，这是一个求累加和的问题。这种问题的基本解决方式是：设置一个变量（如 sum），将其初始值设为 0，然后在指定的范围（1 ~ 100）间寻找满足条件（偶数）的整数，将它们一个一个累加到 sum 中。为了处理方便，将正在查找的整数也用一个变量表示（如 i）。所以，一步累加过程可以用 C 语言的语句表示为：

```
sum=sum+i;
```

它表示把 sum 的值加上 i 后再重新赋给 sum。

上述这个累加过程需要重复地做，这就需要用程序设计语言的循环控制语句来实现。在循环过程中：

（1）需要判别 i 是不是满足问题要求的条件（偶数）。我们只将满足条件的整数累加到 sum 中，这可由分支控制语句来实现。

（2）需要对循环次数进行控制。这可通过 i 值的变化进行控制，即：i 的初值设为 1，每循环一次加 1，一直加到 100 为止。

基于上述解决问题的思路，我们就可以逐步明确解决问题的步骤，即确定解决问题的算法。算法（Algorithm）是一组明确的解决问题的步骤，它产生结果并可在有限的时间内终止。

我们可以用多种方式来描述这种解决问题的步骤，包括用自然语言、伪代码（Pseudo Code）或流程图（Flow Chart）。下面主要介绍流程图的基本内容。

流程图是算法的图形表示法，它使用图的形式掩盖了算法的所有细节，只显示算法从开始到结束的整个流程。最典型的关于 2.1.2 节中 3 种控制结构。对于求 1 ~ 100 偶数和的问题，基于前面的分析，可以用流程图来描述解决步骤（算法），如图 5.3 所示。

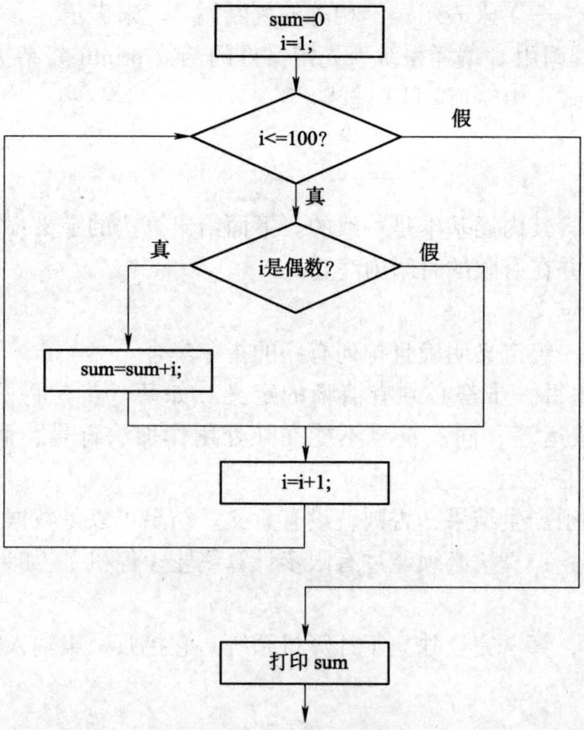

图 5.3　程序流程图

2. 编辑程序

当确定了解决问题的步骤后，就可以开始编写程序了。一般是在编程环境中，应用其中的编辑功能直接编写程序，生成程序的源文件。相应的程序如下：

```
#include <stdio.h>
int main(void)
{
    int i,sum=0;                        /* ① */
    for(i=1;i<=100;i++)                 /* ② */
        if(i%2==0)sum=sum+i;            /* ③ */
    printf("sum=%d",sum);               /* ④ */
    return 0;
}
```

程序运行结果：

输出：sum=2550

说明：

① int i, sum = 0; 定义了两个整数类型（int）的变量 i 和 sum，同时把 sum 初值赋为 0。

② for(i = 1; i <= 100; i++) 是一个循环，它表示从 i 等于 1 的时候开始循环，每循环一次 i 加上 1（i++），只要 i 的值小于等于（<=）100，这个循环就一直进行（也就是说 i 等于 101 时循环就退出了）。每次循环执行的内容就是它后面的 if 语句。

③ if (i%2 == 0) sum=sum+i; 表示：如果 i 是偶数，就将 i 累加到 sum 中。%是一个针对整

数的运算，代表求余，如果 i 被 2 除后的余数为 0，则说明它是一个偶数。在 C 语言中，判断两边相等是用两个等号（==）来表示，不相等的判断用 != 来表示。

④ 当循环结束后就调用 C 编译系统事先定义好的函数 printf()将结果值（sum）输出。输出时要求按十进制整数方式（由%d 说明）输出。

5.5.2 算法的定义

算法的定义有很多，其内涵基本是一致的。下面给出算法的定义：算法是一组明确步骤的有序集合，它产生结果并在有限的时间内终止。

下面详细解释上述定义：

有序集合：算法是一组定义明确且排列有序的指令集合。

明确步骤：算法的每一步都必须有清晰的定义。如某一步是将两数相加，那么必须定义相加的两个数和加法运算，同一符号不能在某处用作加法符号，而在其他地方用作乘法符号。

产生结果：算法必须产生结果，否则就没有意义。结果可以是数据或其他结果（如打印）。

在有限的时间内终止：算法必须经过有限步计算终止（停机）。如果不能（如无限循环），就不是算法。

根据上述定义可知，算法完全独立于计算机系统。它接收一组输入数据，同时产生一组输出数据，如图 5.4 所示。

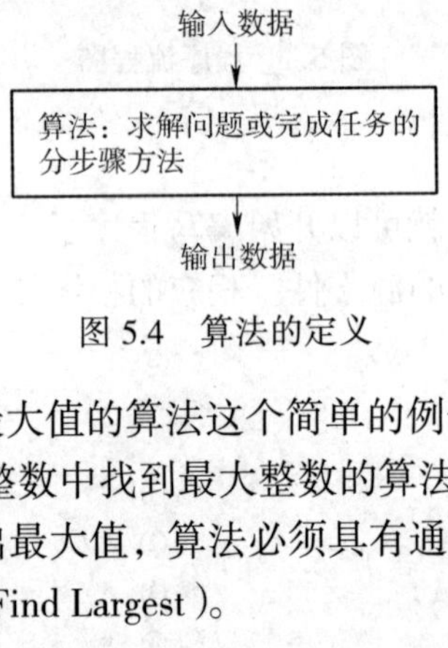

图 5.4　算法的定义

下面我们通过设计一种寻找最大值的算法这个简单的例子来对算法的定义进行分析。

例 5-13　设计一个从一组正整数中找到最大整数的算法。该算法应该能从一组任意的整数如（13，7，15，8，12 等）中找出最大值，算法必须具有通用性并与整数的个数无关。我们称这个算法为“寻找最大值算法”（Find Largest）。

1. 算法步骤设计分析

很明显，要完成从许多整数（如 10 万个）中找到最大值的任务，由人或计算机都不可能只用一步完成。算法必须一个一个地测试每一个整数。

要解决这个问题，可以用一种直接的方法。先用一组少量的整数（如 5 个），然后将这种解决方法扩大到任意多的整数。其实对 5 个整数所采取的解决方法的原理和约束条件与对 1000 个或更多整数的解决方法是一样的。对这组数中的每一个，算法都必须一个接一个地处理。算法遇到第一个数时，并不知道剩下的整数的值，等处理完第一个数，算法才开始处理第二个，依次进行。图 5.5 展示了解决这个问题的一种方法（还可以设计其他方法），即一种寻找最大值的算法。该算法接收一组 5 个整数作为输入，然后输出其中的最大值。

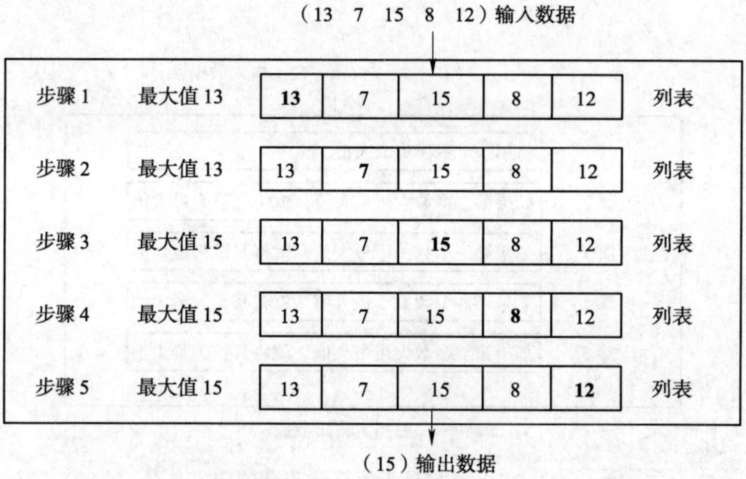

图 5.5　在 5 个数中寻找最大值

（1）输入。

该算法输入一组 5 个整数的数据。

（2）算法步骤。

在这个算法中，为找到最大值采取了下面 5 个步骤：

第一步：检查第一个数。算法首先检查第一个整数（13），因为还没有检查其他的整数，所以当前的最大值就是第一个数。算法中定义一个名为 Largest 的变量，并把第一个数（13）赋给它。

第二步：检查第二个数。目前的最大值是 13，但新的数字可能会成为新的 Largest。在这一步中，算法把上一步得到的最大值 Largest（即 13）和第二个数（7）比较，发现目前的最大值大于第二个数，也就是说 Largest 还是最大值，不需要改变。

第三步：检查第三个数。目前的最大值还是 13，但是新的数（15）大于 Largest，这就意味着目前 Largest 的值是无效的，应该由第三个数（15）代替。算法把 15 赋给 Largest，然后进入下一步。

第四步：检查第四个数。该步中最大值并未有改变，因为当前 Largest 的值比第四个数（8）大。

第五步：检查第五个数。该步中最大值并未有改变，因为当前 Largest 的值比第五个数（12）大。

（3）输出。

因为已经没有其他数需要处理，所以算法输出的 Largest 值是（15）。

2. 算法步骤的定义

图 5.5 展示了在 5 个整数中寻找最大值的一种分步骤解决方法，但并没有说明每一步究竟做了什么工作。我们可以改变测试数据了解更多的细节。第一步，把最大值 Largest 设为第一个数。第二步到第五步，依次把当前处理的数与最大值 Largest 进行比较，如果当前数大于最大值 Largest，则把它赋给 Largest，最后输出 Largest 的值。如图 5.6 所示，输出的 Largest 的值即为任意 5 个正整数中的最大值。

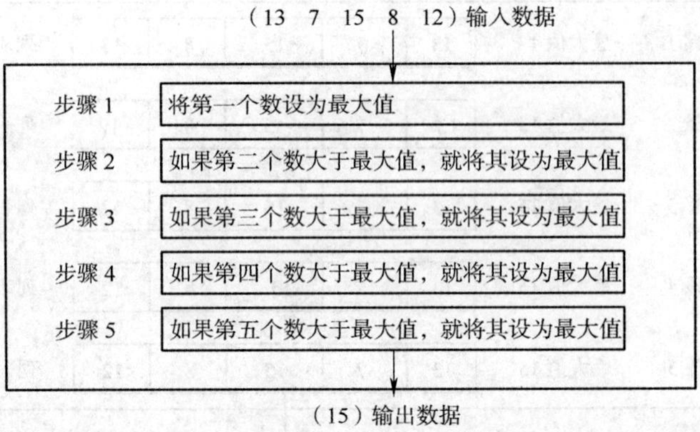

图 5.6　寻找最大值算法步骤的定义

3. 算法细化

为了使这个算法具有通用性，也就是说使算法能对求任意 5 个正整数中的最大值都适用。现在有两个问题，首先，第一步中的动作与其他步骤中的不一样。其次，第二步到第五步的算法功能一样，但算法描述语言却不同。我们只要简单地改进算法就可以解决上述两个问题。把第二步到第五步的算法步骤都写成“如果当前数比最大值大，将最大值设为当前数”。第一步不同于其他步是因为那时最大值 Largest 还没有初始化。如果开始就把最大值 Largest 赋成$-\infty$（负无穷），那么第一步就可写成与其他步一样。增加一个新的步骤，可称为第 0 步，也就是表明变量 Largest 的初始化要在处理任何其他数之前完成。

图 5.7 显示了改进后的算法步骤。

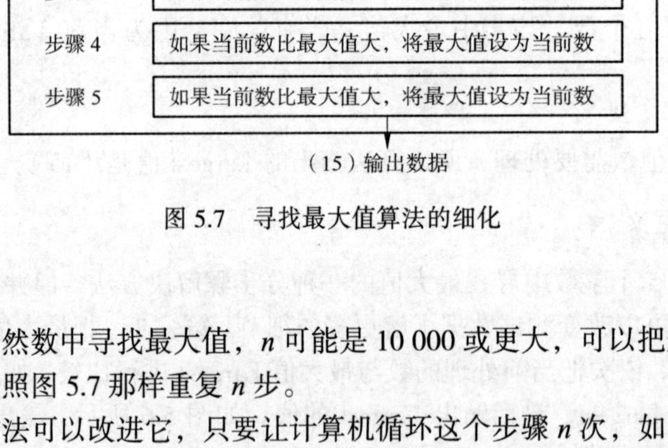

图 5.7　寻找最大值算法的细化

4. 算法的泛化

假定要从 n 个自然数中寻找最大值，n 可能是 10 000 或更大，可以把这个算法泛化吗？回答是肯定的，可以按照图 5.7 那样重复 n 步。

有一种更好的方法可以改进它，只要让计算机循环这个步骤 n 次，如图 5.8 所示。

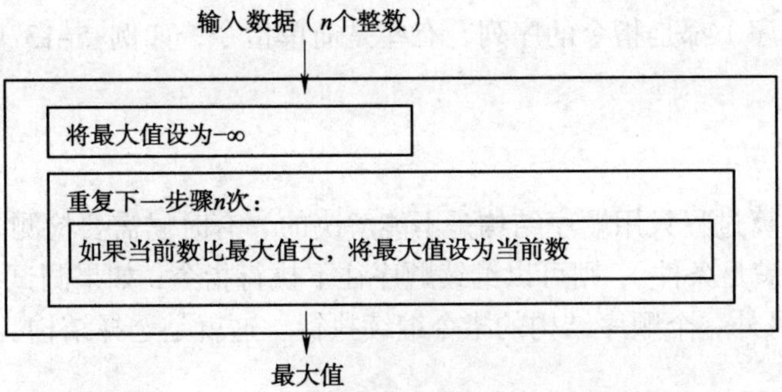

图 5.8　寻找最大值算法的泛化

通过上述寻找最大值算法的分析与设计可以看出，算法具有下列重要特性：

① 有穷性。应在有限步骤内结束。

② 确定性。只要初始条件相同，就可得到相同的、确定的结果。

③ 有效性。算法中的每一步操作必须是可执行的。

④ 有零个或多个输入。一个算法可以有输入数据，也可以没有输入数据。

⑤ 至少有一个输出。算法的目的就是求问题的解，求解的结果，必须向用户输出。

对于同一个问题，可能有多种不同的算法，也就是一题多解问题，这就要求在众多的算法中，选择较好的一种算法。在计算机中，一个“好”的算法，除正确性外，还应考虑以下几个方面：

① 效率高：主要指运行速度快和占用的存储空间小。

② 可读性：有助于人对算法的理解，以方便程序的调试和今后的维护。

③ 健壮性：当输入数据非法时，算法也能做出适当反应，进行必要的处理，不致于造成错误的结果或引起系统崩溃。

5.5.3　算法的三种结构

计算机科学的专家们为结构化程序或算法定义了三种结构。这三种结构是顺序结构、选择结构和循环结构，而且已经证明其他结构是不必要的，使用这三种结构就可使程序或算法容易理解、调试或修改。三种结构如图 5.9 所示。

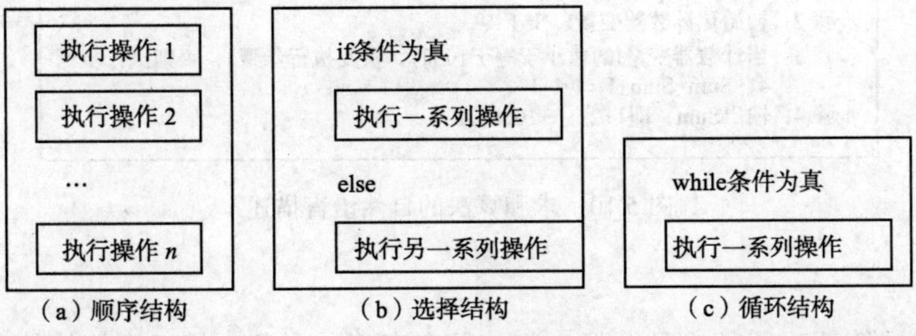

图 5.9　算法的三种结构

1. 顺序结构

算法（最终是程序）都是指令的序列，有些是简单指令，如例 5-13 中的算法步骤，都是顺序执行的简单指令。

2. 选择结构

算法中的有些计算过程只用顺序结构是不能解决的。有时候需要检测条件是否满足，如果测试的条件为真（即满足条件），则可以继续顺序往下执行指令；如果测试结果为假（即条件不满足），则程序将从另外一个顺序结构的指令继续执行。这就是选择结构。

3. 循环结构

在有些问题中，相同的一系列顺序指令需要重复执行，就可以用循环结构来解决这个问题。例 5-13 从指定的数据集中寻找最大值的算法就是这种结构的例子。

5.5.4 描述算法的工具

前面我们已经使用图来描述算法，最近几十年中，还出现了其他几种表示算法的工具。目前，计算机程序设计中常用的算法描述工具有：自然语言、流程图、N-S 图、伪代码、统一建模语言（UML）等。这里通过描述计算 $N!$ 的算法这个简单的例子来介绍自然语言、流程图、伪代码三种工具。

1. 自然语言

自然语言是人类在日常生活中进行交流的语言，自然也可用于描述问题求解的算法。但用自然语言描述算法，存在着文字冗长、有二义性、表达不确切等不足之处。

例 5-14 求 Sum=1+2+…+100 的和，其算法可用自然语言描述。

这里需要一个存放累加和的变量 Sum，初始化时即开始累加前这个存放累加和的变量赋值为 0；需要一个计数器用来计数，初始化时给这个计数器赋值为 1，每循环一次就给它加 1。当计数器大于 100 时，退出循环，输出 Sum 的值即为 1+2+…+100 的和。其算法可用自然语言描述，如图 5.10 所示。

步骤 1：初始化变量Sum，Sum=0
步骤 2：初始化计数器变量I，I=1
步骤 3：当计数器变量I的值小于等于100时，重复执行步骤3，否则执行步骤4，Sum=Sum+I，I=I+1
步骤 4：输出Sum，即1+2+…+100的和

图 5.10 求和算法的自然语言描述

2. 流程图

流程图是描述算法过程的一种图形方法，具有直观、形象、易于理解等特点，应用广泛。美国国家标准化协会（ANSI）规定了流程图描述法的基本图形符号，见表 5.3。

表 5.3　流程图中常用图框列表

形　状	名　称	含　义
	起止框	表示一个算法的开始与结束
	数据框	框中指出输入或输出的数据内容
	处理框	框中指出所进行的处理
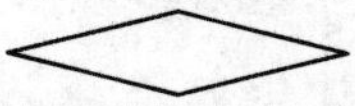	判断框	框中指出判断条件，框外可连接两条流程线，分别指明条件为真（True）时或条件为假（False）时的处理流向
	流程线	表示程序的处理流向

图 5.11 展示的是计算 1+2+…+100 这个算法的流程图。

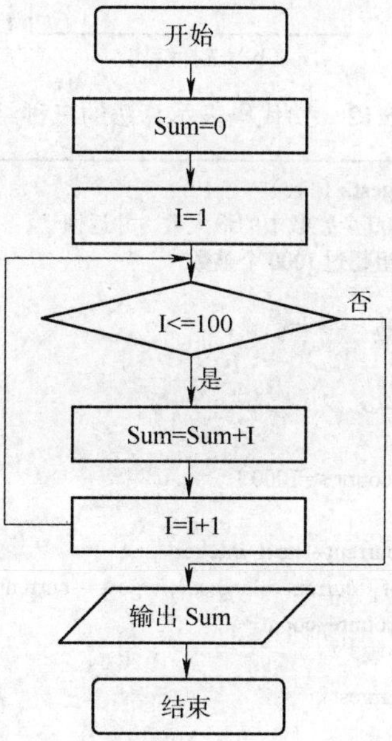

图 5.11　求 1+2+…+100 的算法流程图

3. 伪代码

伪代码是算法的一种类似英语的表示法。现在还没有伪代码的标准，它是部分英语和部分结构化代码的组合。英文代码部分支持宽松的语法格式，并很容易被读懂。代码部分包含三种基本算法结构：顺序结构、选择结构和循环结构。图 5.12 是三种结构的伪代码表示形式。

例 5-15　设计一个从 1 000 个整数中找到最大值的算法。

这里需要一个计数器 count 用来计数，初始化时给这个计数器 count 赋值为 1，每循环一次就给它加 1。当计数器大于 1 000 时，退出循环。

图 5.13 展示了找出 1 000 个整数中的最大整数算法的伪代码表示。其中："算法" 头是用来给算法本身命名，"目的" 是算法要完成什么的简短描述，"前提" 列出了算法的所有前提条件，"后续" 条件指出算法产生的影响（例如，算法会指明打印数据清单），"返回值" 指出算法返回的结果。"语句" 部分是赋值（"←" 表示赋值，即将 "←" 右边表达式的值赋值给左边的变量）、

输入、输出、选择和循环语句。嵌套语句是缩进的，嵌套语句的列表是以开括号（花括号）开始，以闭括号结束。整个语句部分是算法自身的一个嵌套语句列表，由于这个原因，语句部分开始处有一个开括号，结尾处有一个闭括号。

```
操作 1
操作 2
…
操作 n
```

（a）顺序结构

```
if (条件)
    {
    条件真操作
    }
else
    {
    条件假操作
    }
```

（b）选择结构

```
While (条件)
  {
  操作
  }
```

（c）循环结构

图 5.12　伪代码表示算法的三种结构

```
算法：FindLargest2（list）
目的：找出 1000 个整数中的最大数，并返回
前提：给定一组超过 1000 个整数
后续：无
返回：最大整数
{
        largest←-∞
        count←1
        while（count <=1000）
        {
                current←next  integer
                if（current > largest）largest ←current
                count←count + 1
        }
        return  largest
}
```

图 5.13　找出 1 000 个整数中的最大整数算法的伪代码表示

习　题

一、选择题

1. 若有 int a=3,b=2;float c=5;执行 c= a/b 后，c 的值是（　　）。

　A. 5　　B. 1.5　　C. 1.0　　D. 不确定

2. 若整型变量 max=3;a=1;b=2，则条件表达式 max=(a<b?a:b)的值是（　　）。

　A. 1　　B. 2　　C. 3　　D. 不确定

3. 若整型变量 a=1，则执行语句 b=a++;后，b、a 的值分别是（　　）。

　A. 1 1　　B. 2　1　　C. 2　2　　D. 1　2

4. 设 x, y, z 均为 int 型变量，则执行语句：x=y=3; t=++x|| ++y; 后，y 的值是（　　）。

A. 3　　B. 4　　C. 0　　D. 不确定

5. 数字字符 0 的 ASCII 值为 48，若有以下程序

```
#include <stdio.h>
int main(void)
{   char  a='1',b='2';
    printf("%c,",b++);
    printf("%d\n",b-a);
    return 0;
}
```

程序运行后的输出结果是（　　）。

A. 3,2　　B. 50,2　　C. 2,2　　D. 2,50

6. 有以下程序

```
#include <stdio.h>
int main(void)
{
   int  a,b,d=25;
   a=d/10%9;
   b=a&&(-1);
   printf("%d,%d\n",a,b);
   return 0;
}
```

程序运行后的输出结果是（　　）。

A. 6,1　　B. 2,1　　C. 6,0　　D. 2,0

7. 有以下程序

```
#include <stdio.h>
int main(void)
{    int  i=1,j=2,k=3;
     if(i++==1&&(++j==3||k++==3))
        printf("%d  %d  %d\n",i,j,k);
     return 0;
}
```

程序运行后的输出结果是（　　）。

A. 1　2　3　　B. 2　3　4

C. 2　2　3　　D. 2　3　3

8. 设有定义：int a=2,b=3,c=4;，则以下选项中值为 0 的表达式是（　　）。

A. (!a==1)&&(!b==0)　　B. (a<b)&& !c||1

C. a && b　　D. a||(b+b)&&(c-a)

二、编程题

1. 试用 do_while 控制结构，计算下列级数的和 s=1+3+5+⋯+(2i−1)+⋯当累加到某项 s 的值大于 100 时，该项及以后各项不再累加，结束循环求和。

2. 输入 10 个字符，统计其中的英文字母个数（大小写不论）。

3. 计算下列公式的近似值

$$s=1-\frac{x^2}{2\times1!}+\frac{x^4}{4\times3!}-\frac{x^6}{6\times5!}+\cdots$$

当计算某项的绝对值小于 0.0001 时，该项及以后各项不再累加，结束循环求和。

4. 输入若干非 0 实数，直到输入 0 时停止，要求输入的实数最多不超过 20 个，统计其中正数的个数，负数的个数。

5. 求出 1 ~ 1 000 之间的所有“水仙花数”。要求的水仙花数是个三位数，它的各位数字之和等于该数本身，例如：$153=1^3+5^3+3^3$，所以 153 是个水仙花数。

6. 输入两个整数 m 和 n，求其最大公约数和最小公倍数。

7. 一个数如果恰好等于它的因子之和，这个数就是称为“完数”。例如，6 的因子为 1、2、3，而 6=1+2+3，因此 6 是“完数”。编程序找出 1 000 之内的所有完数，并按下面格式输出其因子：6 its factors are 1,2,3。

8. 编写 C 程序：输入 5 个数，从 5 个数中计算并输出最大数和最小数。

第6章　数组

在C语言中，数组属于构造数据类型。为了处理方便，把相同类型的变量组织起来。这些按序排列的同类数据元素的集合称为数组。按数组元素的类型不同，数组又可分为整数数组、实数数组、字符数组、指针数组等各种类型。

6.1　排序问题

在计算机科学中，排序（Sorting）是研究得最多的问题之一，许多书籍都深入讨论了这个问题。使用的基本排序算法有3种：插入排序（Insertionsort），交换排序（Exchangesort），选择排序（Selectionsort）。查找算法和排序算法是有联系的，因为许多查找算法依赖于要查找的数据集的有序程度。基本的查找算法有以下2种：顺序查找（Sequential Searching），比较查找（Comparison Searching）。

6.1.1　程序解析

例 6-1　输入一个正整数 n ($1<n\leqslant10$)，再输入 n 个整数，用交换法将它们从小到大排序后输出。

源程序：

```
#include <stdio.h>
int main(void)
{
    int i,j,n,temp,exchange;
    int a[10];                              /*定义1个数组a，它有10个整型元素*/
    printf("Enter n: ");                    /*提示输入n*/
    scanf("%d", &n);
    printf("Enter %d integers: ", n);      /*提示输入n 个数*/
    /*将输入数依次赋给数组a的n个元素a[0]~a[n-1]*/
    for(i=0; i<n; i++)
        scanf("%d", &a[i]);
    /*对n个数 BubbleSort*/
    for(i=1;i<n;i++)
    {                                       /*最多做n-1趟排序*/
        exchange=0;                         /*本趟排序开始前，交换标志应为假*/
```

```
        for(j=n-1;j>=i;j--)
        if(a[j]<a[j-1])                      /*对当前无序区 a[i..n]自下向上扫描*/
        {
            temp=a[j];                       /*交换记录*/
            a[j]=a[j-1];
            a[j-1]=temp;
            exchange=1;                      /*发生了交换，故将交换标志置为真*/
        }
        if(!exchange)                        /*本趟排序未发生交换，提前终止算法*/
            break;
    }
    printf("After sorted: ", n);
    /* 输出 n 个数组元素的值*/
    for(i=0; i<n; i++)
        printf("%d ", a[i]);
    printf("\n");
    return 0;
}
```

程序运行结果：

```
Enter n: 5
Enter 5  integer:  33 12 51 83 19
输出: After sorted:  12 19 33 51 83
```

冒泡排序（Bubble Sorting）的基本思想是：设待排序的 n 个元素存放在数组 a[n]中，无序区范围初始为(a[0]，a[1]，a[2]，…，a[n–1])，冒泡排序方法是在当前无序区内，从最上面的元素 a[0]开始，对每两个相邻的元素 a[i+1]和 a[i]（i=0，1，…，n–1）进行比较，且使值较小的元素换至值较大的元素之上（若 a[i]>a[i+1]，则 a[i]和 a[i+1]的值互换），这样经过一趟冒泡排序后，假设最后下移的元素为 a[k]，则无序区中值较大的几个元素到达下端并从小到大依次存放在 a[k+1]，a[k+2]，…，a[n–1]中，这样无序区范围变为(a[0]，a[1]，a[2]，…，a[k])。在当前无序区内进行下一趟冒泡排序。这个过程一直到某一趟排序中不出现元素交换的动作，排序结束。整个排序过程最多执行 n-1 遍。这种排序方法是通过相邻元素之间的比较与交换，使值较小的元素逐渐从后部移向前部（从下标较大的单元移向下标较小的单元），就像水底下的气泡一样逐渐向上冒，故称为冒泡排序法。

6.1.2　一维数组的定义和引用

1. 定义

在 C 语言中使用数组必须先进行定义。

一维数组的定义方式为：

```
类型说明符 数组名 [常量表达式];
```

其中：

类型说明符是任一种基本数据类型或构造数据类型。

数组名是用户定义的数组标识符。

方括号中的常量表达式表示数据元素的个数，也称为数组的长度。

例如：
```
int a[10];
```
定义一个含有 10 个整型元素的数组 a。
```
char c[20];
```
定义一个含有 20 个字符元素的数组 c。
```
float f[15];
```
定义一个含有 15 个单精度浮点型元素的数组 f，对于数组类型说明应注意：

（1）方括号中的常量表达式表示数组元素的个数，如 a[5]表示数组 a 有 5 个元素。但是其下标从 0 开始计算。因此 5 个元素分别为 a[0]，a[1]，a[2]，a[3]，a[4]。

（2）不能在方括号中用变量来表示元素的个数，但是可以是符号常量或常量表达式。

2. 引用

数组元素是组成数组的基本单元。数组元素也是一种变量，其标识方法为数组名后加一个下标。其中下标只能是整型常量或整型表达式，只能引用单个的数组元素，不能一次引用整个数组。取值范围：[0，数组长度-1]。
```
int  a[10];
```
10 个元素：a[0]，a[1]，…，a[9]。

数组元素的使用方法与同类型的变量相同：
```
scanf("%d", &a[i]);
temp=a[index]; a[index]= a[k]; a[k]=temp;
printf("%d ", a[i]);
```
区分数组的定义和数组元素的引用：

（1）定义数组。
```
类型名  数组名[数组长度];
int a[10];
```
（2）引用数组元素。
```
a[0]=a[9]=0;
k=3;
a[k]=5;
```

6.1.3　一维数组的初始化

给数组赋值的方法除了用赋值语句对数组元素逐个赋值外，还可采用定义数组时对数组元素赋初值的方法。
```
类型名 数组名[数组长度]={初值表};
int a[10] ={1,2,3,4,5,6,7,8,9,10};
```
相当于：
```
a[0]=1,a[1]=2,...a[9]=10;
```
数组初始化赋值是指在数组定义时给数组元素赋予初值。数组初始化是在编译阶段进行的。这样将减少运行时间，提高效率。

初始化赋值的一般形式为：
```
类型说明符 数组名[常量表达式]={值，值…值};
```
其中在{}中的各数据值即为各元素的初值，各值之间用逗号间隔。

C 语言对数组的初始化赋值还有以下几点规定：

（1）静态数组、动态数组的初始化：

```
static int b[5] ={1,2,3,4,5};
```

静态存储的数组如果没有初始化，所有元素自动赋 0。

```
static int b[5];
```

（2）动态存储的数组如果没有初始化，所有元素为随机值：

```
auto int c[5];
```

auto 可以省略。

（3）可以只给部分元素赋初值。

当{ }中值的个数少于元素个数时，只给前面部分元素赋值。

int a[10]={0,1,2,3,4};表示只给 a[0] ~ a[4]5 个元素赋值。

static int b[5]={1,2,3}，而后 2 个元素自动赋 0 值。

（4）如给全部元素赋值，则在数组说明中，可以不给出数组元素的个数。

```
int a[5]={1,2,3,4,5};
```

可写为：

```
int a[]={1,2,3,4,5};
```

6.1.4 使用一维数组编程

例 6-2 输入 10 个数到数组 a 中，输出最大的值。

源程序：

```
/* 输出最大值 */
#include <stdio.h>
int main(void)
{
    int i,max,a[10];                    /*定义 1 个数组 a，它有 10 个整型元素*/
    printf("input 10 numbers:\n");      /* 提示输入 10 个数*/
    for(i=0;i<10;i++)
        scanf("%d",&a[i]);
    max=a[0];
    for(i=1;i<10;i++)
        if(a[i]>max)                    /*与 max 中的内容比较大小*/
            max=a[i];
    printf("maxnum=%d\n",max);          /* 输出数组元素的最大值*/
    return 0;
}
```

程序运行结果：

```
input 10 number:
输入: 61 77 21 12 35 56 99 90 87 67
输出: maxnum=99
```

本程序中第一个 for 语句逐个输入 10 个数到数组 a 中，然后把 a[0]送入 max 中。在第二个 for 语句中，从 a[1]到 a[9]逐个与 max 中的内容比较，若比 max 的值大，则把该下标变量送入 max 中，因此 max 总是在已比较过的下标变量中为最大者。比较结束，输出 max 的值。

例 6-3 输入 10 个互异的整数，将它们存入数组 a 中，再输入 1 个数 x，然后在数组中查找 x，如果找到，输出相应的下标，否则，输出"Not Found"。

源程序：

```
/* 在数组中查找一个给定的数 */
```

```
#include <stdio.h>
int main(void)
{
    int i, flag, x, a[10];
    printf("Enter 10 integers: ");     /* 提示输入 10 个数 */
    for(i=0; i<10; i++)
        scanf("%d", &a[i]);
    printf("Enter x: ");               /* 提示输入 x */
    scanf("%d", &x);
    /* 在数组 a 中查找 x */
    flag=0;                            /* 先假设 x 不在数组 a 中，置 flag 为 0 */
    for(i=0; i<10; i++)
        if(a[i]==x)
        {                              /* 如果在数组 a 中找到了 x */
            printf("Index is %d\n", i);    /* 输出相应的下标 */
            flag=1;                    /* 置 flag 为 1，说明在数组 a 中找到了 x */
            break;                     /* 跳出循环 */
        }
    if(flag==0)                        /* 如果 flag 为 0，说明 x 不在 a 中 */
        printf("Not Found\n");
    return 0;
}
```

程序运行结果：

第一次运行：

```
Enter 10 integers: 91 82 73 76 56 35 21 98 27 18
Enter x: 38
输出: Not Found
```

第二次运行：

```
Enter 10 integers: 91 82 73 76 56 35 21 98 27 18
Enter x: 82
输出: Index is 1
```

本程序中第一个 for 语句逐个输入 10 个数到数组 a 中，然后输入 x 的值。在第二个 for 语句中，从 a[0]到 a[9]逐个与 x 比较，如果在数组 a 中找到 x 的值，则输出相应的下标并且置 flag 为 1，说明在数组 a 中找到了 x。如果在数组 a 中找不到 x 的值，flag 为 0，则说明 x 不在数组 a 中。

例 6-4　输入一个正整数 n ($1<n\leqslant 10$)，再输入 n 个整数，把 n 个整数中最小的数放到第一个位置后并输出。

源程序：

```
#include <stdio.h>
int main(void)
{
    int i,n,temp;
    int a[10];                              /* 定义 1 个数组 a,它有 10 个整型元素*/
    printf("Enter n: ");                    /* 提示输入 n */
    scanf("%d", &n);
    printf("Enter %d integers: ", n);       /* 提示输入 n 个数 */
    /* 将输入的 n 个数依次赋给数组 a 的 n 个元素 a[0]～a[n-1] */
    for(i=0; i<n; i++)
        scanf("%d", &a[i]);
    /* 假设 a[0]为最小数*/
```

```
    for(i=1;i<n;i++)
        if(a[i]<a[0])                          /*对当前 a[1]~a[n-1]扫描*/
        {
            temp=a[i];                      /*交换 a[i]和 a[0]的值*/
            a[i]=a[0];
            a[0]=temp;
        }
    printf("第一个位置为最小数: ");
    /* 输出 n 个数组元素的值*/
    for(i=0; i<n; i++)
        printf("%d ", a[i]);
    printf("\n");
    return 0;
}
```

程序运行结果:

```
Enter n: 5
Enter 5 integers: 67 87 36 81 93
输出: 第一个位置为最小数: 36 87 67 81 93
```

本程序中第一个 for 语句逐个输入 10 个数到数组 a 中，然后把 a[0]设为最小数。在第二个 for 语句中，从 a[1]到 a[9]逐个与 a[0]比较，如果 a[i]小于 a[0]值，则交换 a[i]和 a[0]的值。

例 6-5 输入一个正整数 *n* (1<*n*≤10)，再输入 *n* 个整数，用选择法将它们从小到大排序后输出。

源程序:

```
/* 选择法排序 */
#include <stdio.h>
int main(void)
{
    int i, index, k, n, temp;
    int a[10];                   /* 定义 1 个数组 a，它有 10 个整型元素*/
    printf("Enter n: ");                    /* 提示输入 n */
    scanf("%d", &n);
    printf("Enter %d integers: ", n);     /* 提示输入 n 个数 */
    /* 将输入的 n 个数依次赋给数组 a 的 n 个元素 a[0]~a[n-1] */
    for(i=0; i<n; i++)
        scanf("%d", &a[i]);
    /* 对 n 个数排序 */
    for(k=0; k<n-1; k++)
    {
        index=k;
        for(i=k+1; i<n; i++)
            if(a[i]<a[index])  index=i;
        temp=a[index];
        a[index]=a[k];
        a[k]=temp;
    }
    printf("After sorted: ", n);
    /* 输出 n 个数组元素的值 */
    for(i=0; i<n; i++)
        printf("%3d ", a[i]);
```

```
    printf("\n");
    return 0;
}
```

程序运行结果：

```
Enter n : 6
Enter 6 integers: 13 98 68 31 53 69
输出: After sorted: 13 31 53 68 69 98
```

本程序中用了两个并列的 for 循环语句，在第二个 for 语句中又嵌套了一个循环语句。第一个 for 语句用于输入 10 个元素的初值。第二个 for 语句用于排序。本程序的排序采用逐个比较的方法进行。在 k 次循环时，把第一个元素的下标 k 赋于 index。然后进入嵌套循环，从 a[k+1] 起到最后一个元素止逐个与 a[index]作比较，有比 a[index]小者则将其下标送 index。一次循环结束后，index 即为最小元素的下标，则交换 a[k]和 a[index]之值。此时 a[k]为已排序完毕的元素。之后转入下一次循环，对 k+1 以后各个元素排序。

例 6-6　把一个整数按大小顺序插入已排好序的数组中。

为了把一个数按大小插入已排好序的数组中，应首先确定排序是从大到小还是从小到大进行的。设排序是从大到小进行的，则可把欲插入的数与数组中各数逐个比较，当找到第一个比插入数小的元素 i 时，该元素之前即为插入位置。然后从数组最后一个元素开始到该元素为止，逐个后移一个单元。最后把插入数赋予元素 i 即可。如果被插入数比所有的元素值都小则插入最后位置。

源程序：

```
#include <stdio.h>
int main(void)
{
    int i,j,p,q,s,n,a[11]={127,3,6,28,54,68,87,105,162,18};
    for(i=0;i<10;i++)          /* 对 10 个数从大到小排序 */
    {
        p=i;q=a[i];
        for(j=i+1;j<10;j++)
            if(q<a[j])         /*与 q 中的内容比较大小*/
            {
                p=j;q=a[j];
            }
        if(p!=i)               /* 如果不同进行交换*/
        {
            s=a[i];
            a[i]=a[p];
            a[p]=s;
        }
        printf("%d",a[i]);
    }
    printf("\n input one number:\n");
    scanf("%d",&n);            /* 提示输入 1 个数*/
    for(i=0;i<10;i++)
        if(n>a[i])
        {
```

```
            for(s=9;s>=i;s--)
                a[s+1]=a[s];        /*数组元素的位置往后移动一个位置*/
            break;
        }
    a[i]=n;
    for(i=0;i<=10;i++)                  /* 输出 11 个数组元素的值*/
        printf("%d ",a[i]);
    printf("\n");
    return 0;
}
```

程序运行结果：

```
input one number: 98
输出: 162 127 105 98 87 68 54 28 18 6 3
```

本程序首先对数组 a 中的 10 个数从大到小排序，然后输入要插入的整数 n。再用一个 for 语句把 n 和数组元素逐个比较，如果发现有 n>a[i]时，则由一个内循环把 i 以下各元素值顺次后移一个单元。后移应从后向前进行（从 a[9]开始到 a[i]为止）。后移结束跳出外循环。插入点为 i，把 n 赋予 a[i]即可。如所有的元素均大于被插入数，则并未进行过后移工作。此时 i=10，结果是把 n 赋于 a[10]。最后一个循环输出插入数后的数组各元素值。程序运行时，输入数 98。从结果中可以看出 98 已插入到 105 和 87 之间。

6.2 找出矩阵中最大值所在的位置

6.2.1 程序解析

例 6-7 将 1 个 3×2 的矩阵存入 1 个 3×2 的二维数组中，找出最大值以及它的行下标和列下标，并输出该矩阵。

如果用变量 row 和 col 分别记录最大值的行下标和列下标，则矩阵的二维数组中最大值就是 a[row][col]。

源程序：

```
/* 找出矩阵中的最大值及其行下标和列下标 */
#include <stdio.h>
int main(void)
{
    int i, j, row, col;
    int a[3][2];
    /* 将输入的数存入二维数组 */
    printf("Enter 6 integers: \n");       /* 提示输入 6 个数 */
    for(i=0; i<3; i++)
        for(j=0; j<2; j++)
            scanf("%d", &a[i][j]);
    /* 按矩阵的形式输出二维数组 a */
    for(i=0; i<3; i++)
    {
```

```
        for(j=0; j<2; j++)
            printf("%4d", a[i][j]);
        printf("\n");
    }
    /* 遍历二维数组，找出最大值 a[row][col] */
    row=col=0;                          /* 先假设 a[0][0] 是最大值 */
    for(i=0; i<3; i++)
        for(j=0; j<2; j++)
            if(a[i][j]>a[row][col])
            {                           /* 如果 a[i][j] 比假设值大 */
                row=i;                  /* 再假设 a[i][j] 是新的最大值 */
                col=j;
            }
    printf("max=a[%d][%d]=%d\n", row, col, a[row][col]);
    return 0;
}
```

程序运行结果：

```
Enter 6 integers: 56 78 79 21 95 33
输出:
56  78
79  21
95  33
max=a[2][0]=95
```

本程序中第一个嵌套 for 语句逐个将输入的数存入二维数组 a 中，然后先假设 a[0][0] 是最大值，则把 0 送入 row，col 中。在第二个嵌套 for 语句中，从二维数组 a 中逐个与 a[row][col]中的内容比较，若比 a[row][col]的值大，则把该下标送入 row，col 中，因此 a[row][col]总是在已比较过的数中为最大者。比较结束，找出最大值以及它的行下标和列下标并输出。

6.2.2 二维数组的定义和引用

1. 定义

在实际问题中有二维的或多维的数组，因此 C 语言允许构造多维数组。多维数组元素有多个下标，以标识它在数组中的位置，所以也称为多下标变量。本小节只介绍二维数组。

二维数组定义的一般形式是：

```
类型说明符 数组名[常量表达式 1][常量表达式 2]
```

其中常量表达式 1 表示第一维下标的长度，常量表达式 2 表示第二维下标的长度。

例如：

```
int a[3][2];
```

定义了一个三行二列的数组，数组名为 a，其下标变量的类型为整型。该数组的下标变量共有 3×2 个，即：

```
a[0][0],a[0][1]
a[1][0],a[1][1]
a[2][0],a[2][1]
```

实际的存储器单元是按一维线性排列的。如何在一维存储器中存放二维数组，有两种方式：一种是按行排列，即放完一行之后顺次放入第二行，另一种是按列排列，即放完一列之后再顺次放入第二列。在C语言中，二维数组是按行排列的。即先存放 a[0]行，再存放 a[1]行。每行中有二个元素也是依次存放。由于数组 a 定义为 int 类型，该类型占 4 字节的内存空间，所以每个元素均占 4 字节。

2. 引用

二维数组的元素也称为双下标变量，其表示的形式为：

```
数组名[下标][下标]
```

其中下标应为整型常量或整型表达式。例如：

```
a[3][2]
```

表示 a 数组三行二列的元素。

数组元素的下标变量和数组定义的下标变量在形式上有些相似，但这两者具有完全不同的含义。数组定义的方括号中给出的是某一维的长度；而数组元素中的下标是该元素在数组中的位置标识。前者只能是常量，后者可以是常量、变量或表达式。

例 6-8 一个学习小组有 5 个人，每个人有 3 门课的考试成绩。求全组分科的平均成绩和各科总平均成绩。

科目	赵	钱	孙	李	王
Math	80	61	59	85	76
C	75	65	63	87	77
Foxpro	92	71	70	90	85

可设一个二维数组 a[5][3]存放 5 个人 3 门课的成绩。再设一个一维数组 baverage[3]存放所求得各分科平均成绩，设变量 taverage 为全组各科总平均成绩。编程如下：

源程序：

```
#include <stdio.h>
int main(void)
{
    int i,j,s=0,taverage, bavge[3],a[5][3];  /*定义整型变量，一维数组，二维数组*/
    printf("input score\n");
    for(i=0;i<3;i++)
    {
        for(j=0;j<5;j++)
        {
            scanf("%d",&a[j][i]);                /*输入 5 个人 3 门课的成绩*/
            s=s+a[j][i];
        }
        bavge[i]=s/5;                           /*计算分科平均成绩*/
        s=0;
    }
    taverage =(bavge[0]+bavge[1]+bavge[2])/3;        /*计算各科总平均成绩*/
```

```
    printf("math:%d\nc languag:%d\ndbase:%d\n",bavge[0],bavge[1],bavge [2]);
    printf("total:%d\n", taverage );
    return 0;
}
```

程序运行结果：

```
input score
80   75   92
61   65   71
59   63   70
85   87   90
76   77   85
输出：
math: 74
c language: 69
dbase: 83
total: 75
```

程序中首先用了一个双重循环。在内循环中依次读入某一门课程的各个学生的成绩，并把这些成绩累加起来，退出内循环后再把该累加成绩除以 5 送入 baverage[i]之中，这就是该门课程的平均成绩。外循环共循环三次，分别求出三门课各自的平均成绩并存放在 baverage 数组之中。退出外循环之后，把 baverage[0]，baverage[1]，baverage[2]相加除以 3 即得到各科总平均成绩，最后按题意输出各个成绩。

6.2.3　二维数组的初始化

二维数组初始化有多种形式，可以在类型说明时给各元素赋以初值。二维数组可按行分段赋值，也可按行连续赋值。

例如，对数组 a[5][3]，按行分段赋值可写为：

```
int a[5][3]={ {80,75,92},{61,65,71},{59,63,70},{85,87,90},{76,77,85} };
```

按行连续赋值可写为：

```
int a[5][3]={ 80,75,92,61,65,71,59,63,70,85,87,90,76,77,85};
```

上面两种赋初值的结果是完全相同的。可以只对部分元素赋初值，未赋初值的元素是随机值。例如：

```
int a[3][3]={{1},{2},{3}};
```

是对每一行的第一列元素赋值，未赋值的元素是随机值。

```
int a [3][3]={{0,1},{0,0,2},{3}};
```

赋值后的元素值为：

0 1 r

0 0 2

3 r r

其中，r 是随机值。

如对全部元素赋初值，则第一维的长度可以不给出。

例如：

```
int a[3][3]={1,2,3,4,5,6,7,8,9};
```

可以写为：

```
int a[][3]={1,2,3,4,5,6,7,8,9};
```

数组是一种构造类型的数据。二维数组可以看作是由一维数组的嵌套而构成的。设一维数组的每个元素都又是一个数组，就组成了二维数组。当然，前提是各元素类型必须相同。根据这样的分析，一个二维数组也可以分解为多个一维数组。C 语言允许这种分解。

如二维数组 a[3][4]，可分解为三个一维数组，其数组名分别为：a[0]，a[1]，a[2]，对这三个一维数组不需另作说明即可使用。这三个一维数组都有 4 个元素，例如：一维数组 a[0]的元素为 a[0][0]，a[0][1]，a[0][2]，a[0][3]。

必须强调的是，a[0]，a[1]，a[2]不能当作下标变量使用，它们是数组名，不是一个单纯的下标变量。

例 6-9 自定义 1 个函数 day_of_year(year, month, day)，计算并返回 year(年)、month(月)和 day(日)对应的是该年的第几天。

源程序：

```
#include <stdio.h>
int day_of_year(int year, int month, int day);
int main(void)
{
    int year, month, day;
    printf("Input year, month, day:");              /* 提示输入年、月、日。*/
    scanf("%d%d%d", &year,&month, &day);
    printf("day=%d\n", day_of_year(year, month, day));
    return 0;
}

/* 计算某个日期对应该年的第几天 */
int day_of_year(int year, int month, int day)
{
    int k, leap;
    int tab[2][13]={   /* 数组初始化，将每月的天数赋给数组 */
        {0, 31, 28, 31, 30, 31, 30, 31, 31, 30, 31, 30, 31},
        {0, 31, 29, 31, 30, 31, 30, 31, 31, 30, 31, 30, 31}
    };
    /* 判断 year 是否为闰年，当 year 是闰年时，leap=1；当 year 是非闰年时，leap=0 */
    leap=(year%4==0&&year%100!=0||year%400==0);
    /* 计算天数 */
    for(k=1; k<month; k++)
       day=day+tab[leap][k];
    return day;
}
```

程序运行结果：

```
Input year, month, day: 2011 11 11
输出：day=315
```

6.3 数据通信过程中的信息加密问题

6.3.1 程序解析

例 6-10　输入一个以回车结束的字符串（少于 80 个字符），将其中的字母用下面列出的对应字母替换，进行信息加密，其余字符不变，输出加密后的字符串。

替换规则如下：

A→Z
B→Y
C→X
…
Z→A
a→z
b→y
c→x
…
z→a

源程序：

```
#include <stdio.h>
int main(void)
{
    char s[80];
    int i;
    printf("Input a string:");          /*提示输入一个字符串*/
    gets(s);
    i=0;
    while(s[i]!='\0'){                  /*检查是否取到字符串结束标志*/
        if(s[i]>='A'&&s[i]<='Z')
            s[i]='Z'-(s[i]-'A');        /*进行信息加密*/
        if(s[i]>='a'&&s[i]<='z')
            s[i]='z'-(s[i]-'a');
        i++;
    }
    printf("After replaced: %s\n",s);   /* 输出加密后的字符串*/
    return 0;
}
```

程序运行结果：

```
Input a string: Hello
输出: After replaced: Svool
```

6.3.2 一维字符数组

1. 定义

用来存放字符量的数组称为字符数组，形式与前面介绍的数值数组相同。例如：

```
char c[10];
```

由于字符型和整型通用，也可以定义为 int c[10];，但这时每个数组元素占 2 个字节的内存单元。

字符数组也可以是二维或多维数组。例如：

```
char c[5][10];
```

即为二维字符数组。

2. 初始化

字符数组也允许在定义时作初始化赋值。例如：

```
char c[10]={'c', ' ', 'p', 'r', 'o', 'g', 'r', 'a','m'};
```

赋值后数组 c 各元素的值为：c[0]的值为'c'，c[1]的值为' '，c[2]的值为'p'，c[3]的值为'r'，c[4]的值为'0'，c[5]的值为'g'，c[6]的值为'r'，c[7]的值为'a'，c[8]的值为'm'，其中 c[9]未赋值，由系统自动赋予 0 值。

当对全体元素赋初值时也可以省去长度说明。例如：

```
char c[]={'c',' ','p','r','o','g','r','a','m'};
```

这时 c 数组的长度自动定为 9。

3. 引用

例 6-11 二维字符数组的引用。

源程序：

```
#include <stdio.h>
int main(void)
{
    int i,j;
    char a[][5]={'H','E','L','L','O','h','e','l','l','o'};  /*定义二维数组*/
    for(i=0;i<=1;i++)
    {
        for(j=0;j<=4;j++)
            printf("%c",a[i][j]);              /* 输出二维数组元素的值*/
        printf("\n");
    }
    return 0;
}
```

程序运行结果：

```
输出:
HELLO
Hello
```

本例的二维字符数组由于在初始化时全部元素都赋以初值，因此一维下标的长度可以不加以说明。

4. 字符串和字符串结束标志

在 C 语言中没有专门的字符串变量，通常用一个字符数组来存放一个字符串。前面介绍字符串常量时，已说明字符串总是以'\0'作为串的结束符。因此当把一个字符串存入一个数组时，也把结束符'\0'存入数组，并以此作为该字符串是否结束的标志。有了'\0'标志后，就不必再用字符数组的长度来判断字符串的长度了。

C 语言允许用字符串的方式对数组作初始化赋值。例如：

```
char c[]={'c', ' ','p','r','o','g','r','a','m'};
```

可写为：

```
char c[]={"C program"};
```

或去掉{}写为：

```
char c[]="C program";
```

用字符串方式赋值比用字符逐个赋值要多占一个字节，用于存放字符串结束标志'\0'。上面的数组 c 在内存中的实际存放情况为：

C		p	r	o	g	r	a	m	\0

'\0'是由 C 编译系统自动加上的。由于采用了'\0'标志，所以在用字符串赋初值时一般无须指定数组的长度，而由系统自行处理。

6.3.3 字符串处理

1. 输入/输出

在采用字符串方式后，字符数组的输入/输出将变得简单方便。除了上述用字符串赋初值的办法外，还可用 scanf()函数和 printf()函数一次性输入/输出一个字符数组中的字符串，而不必使用循环语句逐个地输入/输出每个字符。

例 6-12

源程序：

```
#include <stdio.h>
int main(void)
{
    char c[]="HELLO\nhello";
    printf("%s\n",c);                    /*用%s 格式输出一个字符串*/
    return 0;
}
```

程序运行结果：

```
输出：
HELLO
Hello
```

注意在本例的 printf()函数中，使用的格式字符串为“%s”，表示输出的是一个字符串。而在输出列表中给出数组名即可，不能写为：printf("%s",c[ ]);

例 6-13

源程序：

```
#include <stdio.h>
int main(void)
{
    char st[15];
    printf("input string:\n");
    scanf("%s",st);                       /*用%s 输入一个字符串*/
    printf("%s\n",st);
    return 0;
}
```

程序运行结果：

```
Input string:
HELLO
输出: HELLO
```

本例中由于定义数组长度为 15，因此输入的字符串长度必须小于 15，以留出一个字节用于存放字符串结束标志'\0'。应该说明的是，对一个字符数组，如果不作初始化赋值，则必须说明数组长度。还应该特别注意的是，当用 scanf()函数输入字符串时，字符串中不能含有空格，否则将以空格作为串的结束符。

例如，当输入的字符串中含有空格时，运行情况为：

```
input string:
this is a book
```

输出为：

```
this
```

从输出结果可以看出空格以后的字符都未能输出。为了避免这种情况，可多设几个字符数组分段存放含空格的串。

程序可改写如下：

例 6-14

源程序：

```
#include <stdio.h>
int main(void)
{
    char st1[6],st2[6],st3[6],st4[6];                /*定义多个字符数组*/
    printf("input string:\n");
    scanf("%s%s%s%s",st1,st2,st3,st4);              /*用多个%s 输入字符串*/
    printf("%s %s %s %s\n",st1,st2,st3,st4);      /*用多个%s 输出字符串*/
    return 0;
}
```

程序运行结果：

```
This paper intro algor
输出: This paper intro algor
```

本程序分别设了四个数组，输入的一行字符以空格分段分别装入四个数组，然后分别输出这四个数组中的字符串。

在前面介绍过，scanf()的各输入项必须以地址方式出现，如 &a,&b 等。但在前例中却是以数组名方式出现的，这是为什么呢?

这是由于在 C 语言中规定，数组名就代表了该数组的首地址。整个数组是以首地址开头的一块连续的内存单元。

如有字符数组 char c[10]，在内存中可表示如下：

c[0]	c[1]	c[2]	c[3]	c[4]	c[5]	c[6]	c[7]	c[8]	c[9]

设数组 c 的首地址为 2000，也就是说 c[0]单元地址为 2000，则数组名 c 就代表这个首地址。因此在 c 前面不能再加地址运算符&。如写作 scanf("%s",&c);是错误的。在执行函数 printf("%s",c) 时，按数组名 c 找到首地址，然后逐个输出数组中各个字符直到遇到字符串终止标志'\0'为止。

2. 字符串处理函数

C 语言提供了丰富的字符串处理函数，大致可分为字符串的输入、输出、合并、修改、比较、转换、复制、搜索几类。使用这些函数可大大减轻编程的负担。用于输入/输出的字符串函数，在使用前应包含头文件"stdio.h"，使用其他字符串函数则应包含头文件"string.h"。

下面介绍几个最常用的字符串函数。

（1）字符串输出函数 puts()。

格式：puts (字符数组名)

功能：把字符数组中的字符串输出到显示器，即在屏幕上显示该字符串。

例 6-15

源程序：

```
#include <stdio.h>
int main(void)
{
    char c[]="HELLO\nhello";
    puts(c);                          /*用字符串输出函数 puts()输出字符串*/
    return 0;
}
```

程序运行结果：

```
输出：
HELLO
hello
```

从程序中可以看出 puts()函数中可以使用转义字符，因此输出结果成为两行。puts()函数完全可以由 printf()函数取代。当需要按一定格式输出时，通常使用 printf()函数。

（2）字符串输入函数 gets()。

格式：gets (字符数组名)

功能：从标准输入设备键盘上输入一个字符串。

本函数得到一个函数值，即为该字符数组的首地址。

例 6-16

源程序：

```
#include <stdio.h>
int main(void)
{
    char st[15];
    printf("input string:\n");
    gets(st);                          /*用字符串函数 gets()输入字符串*/
    puts(st);                          /*用字符串函数 puts()输出字符串*/
    return 0;
}
```

程序运行结果：

```
Shanghai
Shanghai
```

可以看出当输入的字符串中含有空格时，输出仍为全部字符串。说明 gets()函数并不以空格作为字符串输入结束的标志，而只以回车作为输入结束。这是与 scanf()函数不同的。

（3）字符串连接函数 strcat()。

格式：strcat (字符数组名 1,字符数组名 2)

功能：把字符数组 2 中的字符串连接到字符数组 1 中字符串的后面，并删去字符串 1 后的串结束标志'\0'。本函数返回值是字符数组 1 的首地址。

例 6-17

源程序：

```
#include <stdio.h>
#include <string.h>
int main(void)
{
    char st1[30]="My name is ";
    char st2[10];
    printf("input your name:\n");
    gets(st2);
    strcat(st1,st2);                    /*用字符串函数 strcat()连接两个字符串*/
    puts(st1);
    return 0;
}
```

程序运行结果：

```
Input your name:
Wang gang
输出：My name is Wang gang
```

本程序把初始化赋值的字符数组与动态赋值的字符串连接起来。要注意的是，字符数组 1 应定义足够的长度，否则不能全部装入被连接的字符串。

（4）字符串拷贝函数 strcpy()。

格式：strcpy (字符数组名 1,字符数组名 2)

功能：把字符数组 2 中的字符串复制到字符数组 1 中。串结束标志'\0'也一同复制。字符数组名 2，也可以是一个字符串常量。这时相当于把一个字符串赋予一个字符数组。

例 6-18

源程序：

```
#include <stdio.h>
#include <string.h>
int main(void)
{
    char st1[15],st2[]="C Language";
    strcpy(st1,st2);                    /*用字符串函数 strcpy()复制一个字符串*/
    puts(st1);
    printf("\n");
    return 0;
}
```

程序运行结果：

```
输出：C Language
```

本函数要求字符数组 1 应有足够的长度，否则不能全部装入所复制的字符串。

（5）字符串比较函数 strcmp()。

格式：strcmp(字符数组名 1,字符数组名 2)

功能：按照 ASCII 码顺序比较两个数组中的字符串，并由函数返回值返回比较结果。

字符串 1 = 字符串 2，返回值 = 0；

字符串 2>字符串 2，返回值>0；

字符串 1<字符串 2，返回值<0。

本函数也可用于比较两个字符串常量，或比较数组和字符串常量。

例 6-19

源程序：

```
#include <stdio.h>
#include <string.h>
int main(void)
{
    int k;
    char st1[15],st2[]="C Language";
    printf("input a string:\n");
    gets(st1);
    k=strcmp(st1,st2);              /*用字符串函数 strcmp()比较两个字符串大小*/
    if(k==0)
        printf("st1=st2\n");
    if(k>0)
        printf("st1>st2\n");
    if(k<0)
        printf("st1<st2\n");
    return 0;
}
```

程序运行结果：

```
Input a string:
dbase
输出：st1>st2
```

本程序中把输入的字符串和数组 st2 中的串比较，比较结果返回到 k 中，根据 k 值再输出结果提示。当输入为 dbase 时，由 ASCII 码可知“dbase”大于“C Language”，故 k>0，输出结果“st1>st2”。

（6）测字符串长度函数 strlen()。

格式：strlen(字符数组名)

功能：测字符串的实际长度（不含字符串结束标志'\0'）并作为函数返回值。

例 6-20

源程序：

```
#include <stdio.h>
#include <string.h>
int main(void)
{
    int k;
    char st[]="C language";
    k=strlen(st);                /*用字符串函数 strlen()检测字符串的实际长度*/
    printf("The lenth of the string is %d\n",k);
    return 0;
}
```

程序运行结果：

输出：The lenth of the string is 10

例 6-21 计算字符串的有效长度，并输出该字符串。字符串的有效长度就是有效字符的个数，即数组中第 1 个 '\0' 前面的字符个数。

源程序：

```
/* 计算字符串的有效长度 */
#include <stdio.h>
int main(void)
{
    int i=0, len;
    char str[80]="Happy";              /* 用字符串常量初始化字符数组 */
    /* 计算字符串的有效长度 */
    for(i=0; str[i]!='\0'; i++)        /* 循环条件：数组元素 str[i]不等于'\0' */
        ;                              /* for 的循环体语句为空 */
    len=i;
    printf("len=%d\n", len);
    /* 输出字符串 */
    for(i=0; str[i]!='\0'; i++)
        putchar(str[i]);
    return 0;
}
```

程序运行结果：

输出：len=5

例 6-22 输入一个由若干单词组成的文本行（最多 80 个字符），每个单词之间用若干个空格隔开，统计此文本行中单词的个数。

源程序：

```
#include <stdio.h>
#include <string.h>
int main(void)
{
    char str[80],prec,nowc;        /*定义字符变量，一维数组*/
    int i, num;
    printf("Input a text line: ");
    gets(str);                     /*用字符串函数 gets()输入字符串*/
    prec=' ';
    num=0;
    i=0;
    while(str[i]!='\0')            /*检查是否取到字符串结束标志*/
    {
        nowc=str[i];
        if(nowc!=' '&&prec==' ')
        num++;                     /*是新单词，个数加 1 */
        prec=nowc;                 /*继续查*/
        i++;
    }
    printf("\nThe number of words is:%d",num);
    return 0;
}
```

程序运行结果：

```
Input a text line: the big car
输出: The number of words is : 3
```

习 题

一、选择题

1. 执行下面的程序段后

```
int  k=3, s[2];
s[0]=k;  k=s[1]*10;
```

变量 k 中的值为（ ）。

A. 不定值　　B. 33　　C. 30　　D. 10

2. 若有以下说明：

```
int a[12]={1,2,3,4,5,6,7,8,9,10,11,12};
char c='a',d,g;
```

则数值为 4 的表达式是（ ）。

A. a[g-c]　　B. a[4]　　C. a['d'-'c']　　D. a['d'-c]

3. 定义如下：

```
int i;
int x[3][3]={1,2,3,4,5,6,7,8,9};
```

则下面语句的输出结果是（ ）。

```
for(i=0;i<3;i++) printf("%d",x[i][1]);
```

A. 1 5 9　　B. 1 4 7　　C. 2 5 8　　D. 3 6 9

4. 给出以下定义：

```
char x[]="abcdefg";
char y[]={'a','b','c','d','e','f','g'};
```

则正确的叙述为（ ）。

A. 数组 x 和数组 y 等价

B. 数组 x 和数组 y 的长度相同

C. 数组 x 的长度大于数组 y 的长度

D. 数组 x 的长度小于数组 y 的长度

5. 以下程序的输出结果是（ ）。

```
int main(void)
{
char str[12]={'s','t','r','i','n','g'};
printf("%d\n",strlen(str));
return 0;
}
```

A. 6　　B. 7　　C. 11　　D. 12

6. 不能把字符串"Hello!"赋给数组 b 的语句是（ ）。

A. char b[10]={'H','e','l','l','o','!'};　　B. char b[10];b="Hello!";

C. char b[10];strcpy(b,"Hello!");　　D. char b[10]="Hello!";

7. 设有数组定义: char array [ ]="China";, 则数组 array 所占的空间为（ ）。

A. 4个字节　　B. 5个字节　　C. 6个字节　　D. 7个字节

8. 设有 char str[ ]="Shanghai";

则执行 printf("%d\n", strlen(strcpy(str,"China"))); 后的输出结果为（ ）。

A. 5　　B. 6　　C. 7　　D. 8

二、编程题

1. 输入10个整型数据，找出其中的最大值并显示出来。

2. 从键盘输入10个整数存入一数组中，然后将该数组中的各元素按逆序存放后显示出来。

3. 计算一维数组中所有元素的平均值。

4. 计算 n 个元素组成的整型数组中去掉一个最大值和一个最小值后的平均值（如果有多个相同的最大值和最小值，只需去掉一个，且要求 n>2）。

5. 编程将一个 16 进制的字符串转化为十进制数，如“2A”转化为 42。字符串应该仅由数字和大写字母 A 至 F 构成，若字符串中出现其他符号则返回-1。（已知转化的整数在有效范围内）

6. 通过键盘输入给一个 5×5 整型数组赋值，找其中的最小值并显示出来。

7. 设有 3 名学生成绩存在如下的数组中：int score[3][4]={{65,57,70,60}, {90,87,50,81}, {90,65,100,98}}，编程输出成绩低于60分的学生的所有成绩（按C语言的规则，允许第0行）

8. 由键盘输入长度不超过80的字符串，按原样输出。

9. 从键盘上输入一个字符串后，输出其长度。

10. 密码验证：程序设定的密码是“Y1N2ab”，从键盘输入密码（密码长度不超过 10），和设定密码相比较，密码正确的话输出“that's ok”，程序结束；错误的话提示再次输入密码，最多允许输入3次。

运行示例：

```
please input a password  :asdfg
wrong,try again
please input a password  :Y1N2ab
that's ok
```

第7章 函数

C 源程序是由函数组成的。在前面各章的程序中都只有一个主函数 main()，但是实用程序往往由多个函数组成。函数是 C 源程序的基本模块，通过对函数模块的调用实现特定的功能。所以说 C 程序的全部工作都是由各式各样的函数来完成的。

7.1 用函数求几何图形的面积

7.1.1 程序解析

例 7-1 输入圆柱的高和半径，求圆柱表面积：tarea=2*3.1415926*r*r+2*3.1415926*r*h。要求定义和调用函数 carea (r, h)，rarea(r, h)计算圆柱体的表面积。

源程序：

```
/* 计算圆柱表面积 */
#include <stdio.h>
int main(void)
{
    double height, radius, tarea;
    double carea(double r);                              /* 函数声明*/
    double rarea(double r, double h);                    /* 函数声明*/
    printf("Enter radius and height: ");                 /* 输入提示 */
    scanf("%lf%lf", &radius, &height);                   /* 输入圆柱体的半径和高度 */
    tarea =2*carea(radius )+ rarea(radius, height);      /* 调用函数，返回表面积 */
    printf("Totalarea=%.3f\n", tarea);                   /*输出圆柱体的表面积 */
    return  0;
}
    /* 定义求圆柱底面积的函数 */
double carea(double r)
{
    double result;
    result=3.1415926*r*r;                                /* 计算圆柱体底面积 */
    return result;                                       /* 返回结果 */
}
    /* 定义求圆柱侧面积的函数 */
double rarea(double r, double h)
{
    double result;
    result=2*3.1415926*r*h;                              /* 计算圆柱体侧面积 */
```

```
    return result;                                      /* 返回结果 */
}
```

程序运行结果：

```
Enter radius and height: 2 3
输出: Totalarea=62.832
```

程序运行时，先输入圆柱体的半径和高度，然后调用 carea (double r)、rarea (double r, double h) 函数计算圆柱体表面积，最后输出圆柱体表面积。

7.1.2 函数的定义

在C语言中可从不同的角度对函数分类。

（1）从函数定义的角度看，函数可分为库函数和用户定义函数两种。

库函数：由C系统提供，用户无须定义，也不必在程序中作类型说明，只需在程序前包含有该函数原型的头文件即可在程序中直接调用。

用户定义函数：由用户按需要自己编写的函数，而且在主调函数中还必须对该被调函数进行说明，然后才能使用。

（2）从函数使用功能角度看，又可把函数分为有返回值函数和无返回值函数两种。

有返回值函数：此类函数被调用执行完后将向调用者返回一个执行结果，称为函数返回值。

无返回值函数：此类函数用于完成某项特定的处理任务，执行完成后不向调用者返回函数值。

（3）从被调函数的参数角度看，又可分为无参函数和有参函数两种。

无参函数：函数定义中不带参数。

有参函数：函数定义中有参数，称为形式参数（简称为形参）。在函数调用时也必须给出参数，称为实际参数（简称为实参）。

还应该指出的是，在C语言中，所有的函数定义，包括主函数 main()在内，都是平行的。也就是说，在一个函数的函数体内，不能再定义另一个函数，即不能嵌套定义。但是函数之间允许相互调用，也允许嵌套调用。习惯上把调用者称为主调函数。函数还可以自己调用自己，称为递归调用。

main()函数是主函数，它可以调用其他函数，而不允许被其他函数调用。因此，C程序的执行总是从 main()函数开始，完成对其他函数的调用后再返回到 main()函数，最后由 main()函数结束整个程序。一个C源程序必须有，也只能有一个主函数 main()。

无参函数定义的一般形式：

```
类型标识符 函数名()
{
    函数实现过程
}
```

其中类型标识符和函数名称为函数头。类型标识符指明了本函数的类型，函数的类型实际上是函数返回值的类型。该类型标识符与前面介绍的各种说明符相同。函数名是由用户定义的标识符，函数名后有一对括号，其中无参数，但括号不可少。

{}中的内容称为函数体。在函数体中声明部分，是对函数体内部所用到的变量的类型说明。

在很多情况下都不要求无参函数有返回值，此时函数类型符可以写为 void。

我们可以改写一个函数定义：

```
void Hello()
{
   printf ("Hello,world \n");
}
```

这里，只把 main 改为 Hello 作为函数名，其余不变。Hello 函数是一个无参函数，当被其他函数调用时，输出 Hello world 字符串。

有参函数定义的一般形式：

```
类型标识符 函数名(形式参数表列)
{
  函数实现过程
}
```

有参函数比无参函数多了一个内容，即形式参数表列。在形参表中给出的参数称为形式参数，它们可以是各种类型的变量，各参数之间用逗号间隔。在进行函数调用时，主调函数将赋予这些形式参数实际的值。形参既然是变量，必须在形参表中给出形参的类型说明。

例 7-2　定义一个函数，用于求两个数中的大数。

源程序：

```
#include <stdio.h>
int max(int a, int b)          /*max 为函数名，类型标识符为 int，即返回整型*/
{
   if(a>b)
      return a;
   else
      return b;
}
int main(void)
{
   int x,y,z;
   printf("Please input two numbers!\n");
   scanf("%d %d",&x,&y);
   z=max(x,y);
   printf("max=%d\n",z);
   return 0;
}
```

第一行说明 max 函数是一个整型函数，其返回的函数值是一个整数。形参 a，b 均为整型量。a，b 的具体值是由主调函数在调用时传送过来的。在{}中的函数体内，除形参外没有使用其他变量，因此只有语句而没有声明部分。在 max 函数体中的 return 语句是把 a（或 b）的值作为函数的值返回给主调函数。有返回值函数中至少应有一个 return 语句。

7.1.3　函数的声明

在主调函数中调用某函数之前应对该被调函数进行说明（声明），这与使用变量之前要先进行变量说明是一样的。在主调函数中对被调函数作说明的目的是使编译系统知道被调函数返回值的类型，以便在主调函数中按此种类型对返回值作相应的处理。

其一般形式为：

```
类型说明符 被调函数名(类型 形参，类型 形参，…);
```

或为：

```
类型说明符 被调函数名(类型，类型，…)；
```

括号内给出了形参的类型和形参名，或只给出形参类型。这便于编译系统进行检错，以防止可能出现的错误。

例 7-2 main()函数中对 max()函数的说明为：

```
int max(int a,int b);
```

或写为：

```
int max(int,int);
```

C语言中又规定在以下几种情况时可以省去主调函数中对被调函数的函数说明：

（1）当被调函数的函数定义出现在主调函数之前时，在主调函数中也可以不对被调函数再作说明而直接调用。例 7-2 中，函数 max()的定义放在 main()函数之前，因此可在 main()函数中省去对 max()函数的函数说明 int max(int a, int b)。

（2）如在所有函数定义之前，在函数外预先说明了各个函数的类型，则在以后的各主调函数中，可不再对被调函数作说明。例如：

```
char str(int a);                /*对被调函数作说明*/
float f(float b);
int main(void)
{
 ...
}
char str(int a)                 /*函数原型*/
{
 ...
}
float f(float b)
{
 ...
}
```

其中第一、二行对 str()函数和 f()函数预先作了说明。因此在以后各函数中不需要对 str()和 f()函数再作说明就可直接调用。

对库函数的调用不需要再作说明，但必须把该函数的头文件用 include 命令包含在源文件前部。

在C程序中，一个函数的定义可以放在任意位置，既可放在主函数 main()之前，也可放在 main()之后。

例如：可把 max()函数放在 main()之后，也可以把它放在 main()之前。修改后的程序如下所示。

例 7-3

源程序：

```
#include <stdio.h>
int max(int a,int b)            /*max 函数定义*/
{
   if(a>b)
       return a;
   else
```

```
        return b;
    }
    int main(void)
    {
        int max(int a,int b);          /*对 max()函数作说明*/
        int x,y,z;
        printf("input two numbers:\n");
        scanf("%d%d",&x,&y);
        z=max(x,y);
        printf("maxmum=%d\n",z);
        return 0;
    }
```

程序运行结果:

```
input two numbers:
2 3
输出: maxmum=3
```

现在我们可以从函数定义、函数说明及函数调用的角度来分析整个程序，从中进一步了解函数的各种特点。

程序的第 2 行至第 8 行为 max()函数定义。进入主函数后，因为准备调用 max()函数，故先对 max()函数进行说明（程序第 11 行）。函数定义和函数说明并不是一回事，在后面还要专门讨论。可以看出函数说明与函数定义中的函数头部分相同，但是末尾要加分号。程序第 15 行为调用 max()函数，并把 x, y 中的值传送给 max()的形参 a, b。max()函数执行的结果（a 或 b）将返回给变量 z。最后由主函数输出 z 的值。

7.1.4　函数的调用

1. 函数调用的一般形式

前面已经说过，在程序中是通过对函数的调用来执行函数体的，其过程与其他语言的子程序调用相似。

C 语言中，函数调用的一般形式为:

```
函数名(实际参数表)
```

对无参函数调用时则无实际参数表。实际参数表中的参数可以是常量，变量或其他构造类型数据及表达式。各实参之间用逗号分隔。

2. 函数调用的方式

在 C 语言中，可以用以下几种方式调用函数:

（1）函数表达式：函数作为表达式中的一项出现在表达式中，以函数返回值参与表达式的运算。这种方式要求函数是有返回值的。例如：z=max(x,y)是一个赋值表达式，把 max 的返回值赋予变量 z。

（2）函数语句：函数调用的一般形式加上分号即构成函数语句。例如：printf ("%d",a);，scanf ("%d",&b);都是以函数语句的方式调用函数。

（3）函数实参：函数作为另一个函数调用的实际参数出现。这种情况是把该函数的返回值作为实参进行传送，因此要求该函数必须是有返回值的。例如：printf("%d",max(x,y)); 即是把

max 调用的返回值又作为 printf()函数的实参来使用的。在函数调用中还应该注意的一个问题是求值顺序的问题。所谓求值顺序是指对实参表中各量是自左向右使用还是自右向左使用。对此，各系统的规定不一定相同。

例 7-4

源程序：

```
#include <stdio.h>
int main(void)
{
    int i=8;
    printf("%d\n%d\n%d\n%d\n",++i,--i,i++,i++);      /*实参表中各量是自右向左*/
    printf("i=%d\n",i);
    return 0;
}
```

如按照自右向左的顺序求值。运行结果应为：

```
8
7
8
8
i=10
```

如对 printf 语句中的++i、--i、i++、i--自左向右求值，结果应为：

```
9
8
8
8
```

应特别注意的是，无论是自左向右求值，还是自右向左求值，其输出顺序都是不变的，即输出顺序总是和实参表中实参的顺序相同。由于 C 现定是自右向左求值，所以结果为 8，7，8，8。

7.2 用函数求 Fibonacci 数列

7.2.1 程序解析

例 7-5 求 Fibonacci 数列：1，1，2，3，5，8，13…观察数列，可发现这样的规则：从第 3 项开始，每一项都是其前面相邻两项之和。设 fib(n)表示第 n 个 Fibonacci 数，则有：

fib(n)=1　　　　　　　　　　(n=1, n=2)

fib(n)=fib(n−1)+fib(n−2)　　　(n>=3)

Fibonacci 数列是个很有趣的数列，随着项数的增加，前后相邻两项的比值趋向于 0.618，这个比值被称为“黄金分割”，建筑师经常用黄金分割来指导设计门窗、房间和建筑物等，人们认为符合黄金分割的物体是一种美的物体。Fibonacci 函数的数学表达式已清楚地表明这是个递归问题，因此可以很容易地用 C 语言写出它的递归函数。

源程序：

```
#include <stdio.h>
long fib(int);
int main(void)
```

```
{
    long  bf;
    int  n;
    printf("Enter  a integer:\n");
    scanf("%d",&n);
    bf=fib(n);                            /*调用 fib()函数*/
    printf("Fibonacci(%d)=%ld\n",n,bf);
    return 0;
}
long fib(int m)                           /*计算 Fibonacci 数列的第 m 项*/
{
    if(m==1||m==2)                        /*递归终止*/
        return  1;
    else
        return fib(m-1)+fib(m-2);         /*递归调用*/
}
```

程序运行结果：

```
Enter  a integer:
17
输出: Fibonacci(17)=1597
```

7.2.2 形式参数与实际参数

前面已经介绍过，函数的参数分为形参和实参两种。在本小节中，进一步介绍形参、实参的特点和两者的关系。形参出现在函数定义中，在整个函数体内都可以使用，离开该函数则不能使用。实参出现在主调函数中，进入被调函数后，实参变量也不能使用。形参和实参的功能是数据传送。发生函数调用时，主调函数把实参的值传送给被调函数的形参从而实现主调函数向被调函数的数据传送。

函数的形参和实参具有以下特点：

（1）形参变量只有在被调用时才分配内存单元，在调用结束时，即刻释放所分配的内存单元。因此，形参只有在函数内部有效。函数调用结束返回主调函数后则不能再使用该形参变量。

（2）形参只能是变量，实参可以是常量、变量、表达式、函数等，无论实参是何种类型的量，在进行函数调用时，它们都必须具有确定的值，以便把这些值传送给形参。因此应预先用赋值、输入等办法使实参获得确定值。

（3）实参和形参在数量上、类型上、顺序上应严格一致，否则会发生“类型不匹配”的错误。

（4）函数调用中发生的数据传送是单向的。即只能把实参的值传送给形参，而不能把形参的值反向地传送给实参。因此在函数调用过程中，形参的值发生改变，而实参的值不会变化。

例 7-6

源程序：

```
#include <stdio.h>
int s(int n);
int main(void)
{
    int n;
```

```
    printf("input number\n");
    scanf("%d",&n);
    s(n);
    printf("n=%d\n",n);               /*输出 n 的值是 100*/
    return 0;
}
int s(int n)
{
    int i;
    for(i=n-1;i>=1;i--)               /*是求 1+2+3+…+n 的值*/
      n=n+i;
    printf("n=%d\n",n);
    return n;                         /*n 的值变为 5050*/
}
```

程序运行结果：

```
input number
100
输出:
n=5050
n=100
```

本程序中定义了一个函数 s()，该函数的功能是求 1+2+3+…+n 的值。在主函数中输入 n 值，并作为实参，在调用时传送给 s()函数的形参 n（注意，本例的形参变量和实参变量的标识符都为 n，但这是两个不同的量，各自的作用域不同）。在主函数中用 printf()语句输出一次 n 值，这个 n 值是实参 n 的值。在函数 s()中也用 printf()语句输出了一次 n 值，这个 n 值是形参最后取得的 n 值。从运行情况看，输入 n 值为 100，即实参 n 的值为 100。把此值传给函数 s()时，形参 n 的初值也为 100，在执行函数过程中，形参 n 的值变为 5050。返回主函数之后，输出实参 n 的值仍为 100。可见实参的值不随形参的变化而变化。

7.2.3 函数的返回值

函数的值是指函数被调用之后，执行函数体中的程序段所取得的并返回给主调函数的值。如调用正弦函数取得正弦值，调用例 7-2 的 max()函数取得的最大数等。对函数的值（或称函数返回值）有以下说明：

（1）函数的值只能通过 return 语句返回主调函数。

return 语句的一般形式为：

```
return 表达式;
```

或者为：

```
return (表达式);
```

该语句的功能是计算表达式的值，并返回给主调函数。在函数中允许有多个 return 语句，但每次调用只能有一个 return 语句被执行，因此只能返回一个函数值。

（2）函数值的类型和函数定义中函数的类型应保持一致。如果两者不一致，则以函数类型为准，自动进行类型转换。

（3）如函数值为整型，在函数定义时可以省去类型说明。

（4）不返回函数值的函数，可以明确定义为“空类型”，类型说明符为“void”。如例 7-6

中函数 s()并不向主函数返函数值，因此可定义为：

```
void s(int n)
{ ...
 }
```

一旦函数被定义为空类型后，就不能在主调函数中使用被调函数的函数值了。例如，在定义 s()为空类型后，在主函数中写下述语句：

```
sum=s(n);
```

就是错误的。

为了使程序有良好的可读性并减少出错，凡不要求返回值的函数都应定义为空类型。

7.2.4　值传递与地址传递

数组可以作为函数的参数使用，进行数据传送。数组用作函数参数有两种形式：一种是把数组元素（下标变量）作为实参使用；另一种是把数组名作为函数的形参和实参使用。

1. 数组元素作函数实参

数组元素就是下标变量，它与普通变量并无区别。因此它作为函数实参使用与普通变量是完全相同的，在发生函数调用时，把作为实参的数组元素的值传送给形参，实现单向的值传送。例 7-7 说明了这种情况。

例 7-7　判别一个整数数组中各元素的值，若大于 0 则输出该值，若小于等于 0 则输出 0 值。

源程序：

```
#include <stdio.h>
void funct(int v)                          /*根据 v 值输出相应的结果*/
{
    if(v>0)
        printf("%d\n",v);
    else
        printf("%d\n",0);
}
int main(void)
{
    int a[5],i;
    printf("input 5 numbers\n");
    for(i=0;i<5;i++)
    {
        scanf("%d",&a[i]);
        funct(a[i]);
    }
    return 0;
}
```

程序运行结果：

```
input 5 numbers
20 -10 77 55 -2
输出:
20
```

```
0
77
55
0
```

本程序中首先定义一个无返回值函数 funct，并说明其形参 v 为整型变量。在函数体中根据 v 值输出相应的结果。在 main()函数中用一个 for 语句输入数组各元素，每输入一个就以该元素作实参调用一次 funct()函数，即把 a[i]的值传送给形参 v，供 funct()函数使用。

2. 数组名作为函数参数

用数组名作函数参数与用数组元素作实参有几点不同：

（1）用数组元素作实参时，只要数组类型和函数的形参变量的类型一致，那么作为下标变量的数组元素的类型也和函数形参变量的类型是一致的。因此，并不要求函数的形参也是下标变量。换句话说，对数组元素的处理是按普通变量对待的。用数组名作函数参数时，则要求形参和相对应的实参都必须是类型相同的数组，都必须有明确的数组说明。当形参和实参二者不一致时，即会发生错误。

（2）在普通变量或下标变量作函数参数时，形参变量和实参变量是由编译系统分配的两个不同的内存单元。在函数调用时发生的值传送是把实参变量的值赋予形参变量。在用数组名作函数参数时，不是进行值的传送，即不是把实参数组的每一个元素的值都赋予形参数组的各个元素。因为实际上形参数组并不存在，编译系统不为形参数组分配内存。那么，数据的传送是如何实现的呢？我们曾介绍过，数组名就是数组的首地址。因此在数组名作函数参数时所进行的传送只是地址的传送，也就是说把实参数组的首地址赋予形参数组名。形参数组名取得该首地址之后，也就等于有了实在的数组。实际上形参数组和实参数组为同一数组，共同拥有一段内存空间。

首地址为 2000 的一块内存区如图 7.1 所示：

a[0]	2000	b[0]
a[1]	2004	b[1]
a[2]	2008	b[2]
a[3]	2012	b[3]
a[4]	2016	b[4]
a[5]	2020	b[5]
a[6]	2024	b[6]
a[7]	2028	b[7]
a[8]	2032	b[8]
a[9]	2036	b[9]

图 7.1　首地址为 2000 的一块内存区

上图说明了这种情形。图中设 a 为实参数组，类型为整型。a 占有以 2000 为首地址的一块内存区。b 为形参数组名。当发生函数调用时进行地址传送，把实参数组 a 的首地址传送给形参数组名 b，于是 b 也取得该地址 2000。于是 a，b 两数组共同占有以 2000 为首地址的一段连续内存单元。从图中还可以看出 a 和 b 下标相同的元素实际上也占相同的 4 个内存单元。例如，

a[0]和 b[0]都占用 2000 至 2003 单元，当然 a[0]等于 b[0]。类推则有 a[i]等于 b[i]。

例 7-8　数组 a 中存放了一个学生 5 门课程的成绩，求平均成绩。

源程序：

```
#include <stdio.h>
float aver(float a[5])              /*求平均成绩的函数，形参为实型数组*/
{
    int i;
    float av,s=a[0];
    for(i=1;i<5;i++)
        s=s+a[i];
    av=s/5;
    return av;
}
int main(void)
{
    float sco[5],av;
    int i;
    printf("\ninput 5 scores:\n");
    for(i=0;i<5;i++)
        scanf("%f",&sco[i]);
    av=aver(sco);                  /*sco 作为实参调用 aver，函数返回值送 av*/
    printf("average score is %5.2f\n",av);
    return 0;
}
```

程序运行结果：

```
input 5 scores:
81 83 88 79 77
输出：average score is 81.60
```

本程序首先定义了一个实型函数 aver()，有一个形参为实型数组 a，长度为 5。在函数 aver()中，把各元素值相加求出平均值，返回给主函数。主函数 main()中首先完成数组 sco 的输入，然后以 sco 作为实参调用 aver()函数，函数返回值送 av，最后输出 av 值。从运行情况可以看出，程序实现了所要求的功能。

（3）前面已经讨论过，在变量作函数参数时，所进行的值传送是单向的。即只能从实参传向形参，不能从形参传回实参。形参的初值和实参相同，而形参的值发生改变后，实参并不变化，两者的终值是不同的。而当用数组名作函数参数时，情况则不同。由于实际上形参和实参为同一数组，因此当形参数组发生变化时，实参数组也随之变化。当然这种情况不能理解为发生了“双向”的值传递。但从实际情况来看，调用函数之后实参数组的值将由于形参数组值的变化而变化。为了说明这种情况，把例 7-8 改为例 7-9 的形式。

例 7-9　数组 a 中存放了一个学生 5 门课程的成绩，改用数组名作函数参数。

源程序：

```
#include <stdio.h>
void funct(int a[5])
{
    int i;
```

```
    printf("\nvalues of array a are:\n");
    for(i=0;i<5;i++)
    {
        if(a[i]<0)
            a[i]=0;
        printf("%d ",a[i]);
    }
}
int main(void)
{
    int b[5],i;
    printf("\ninput 5 numbers:\n");
    for(i=0;i<5;i++)
        scanf("%d",&b[i]);
    printf("initial values of array b are:\n");
    for(i=0;i<5;i++)
        printf("%d ",b[i]);
    funct(b);              /*数组名b为实参调用funct()函数*/
    printf("\nlast values of array b are:\n");
    for(i=0;i<5;i++)
        printf("%d ",b[i]);
    printf("\n");
    return 0;
}
```

程序运行结果:

```
input 5 numbers:
81 83 88 -9 77
输出:
initial values of array b are:
81 83 88 -9 77
values of array a are:
81 83 88 0 77
last values of array b are:
81 83 88 0 77
```

本程序中函数funct()的形参为整型数组a，长度为5。主函数中实参数组b也为整型，长度也为5。在主函数中首先输入数组b的值，然后输出数组b的初始值。然后以数组名b为实参调用funct()函数。在funct()中，按要求把负值单元清0，并输出形参数组a的值。返回主函数之后，再次输出数组b的值。从运行结果可以看出，数组b的初值和终值是不同的，数组b的终值和数组a是相同的。这说明实参、形参为同一数组，它们的值同时得以改变。

用数组名作为函数参数时还应注意以下几点:

① 形参数组和实参数组的类型必须一致，否则将引起错误。

② 形参数组和实参数组的长度可以不相同，因为在调用时，只传送首地址而不检查形参数组的长度。当形参数组的长度与实参数组不一致时，虽不至于出现语法错误（编译能通过），但程序执行结果将与实际不符，这是应予以注意的。

如把例7-9修改如下:

例7-10 数组a中存放了一个学生5门课程的成绩，形参数组和实参数组的长度不相同。

源程序：

```
#include <stdio.h>
void funct(int a[8])
{
    int i;
    printf("\nvalues of array a are:\n");
    for(i=0;i<8;i++)
    {
        if(a[i]<0)
            a[i]=0;
        printf("%d ",a[i]);
    }
}
int main(void)
{
    int b[5],i;
    printf("\ninput 5 numbers:\n");
    for(i=0;i<5;i++)
        scanf("%d",&b[i]);
    printf("initial values of array b are:\n");
    for(i=0;i<5;i++)
        printf("%d ",b[i]);
    funct(b);
    printf("\nlast values of array b are:\n");
    for(i=0;i<5;i++)
        printf("%d ",b[i]);
    printf("\n");
    return 0;
}
```

程序运行结果：

```
input 5 numbers:
81 83 88 -9 77
输出：
initial values of array b are:
81 83 88 -9 77
values of array a are:
81 83 88 0 77 1245120 4199465 1
last values of array b are:
81 83 88 0 77
```

本程序与例 7-9 程序比，funct()函数的形参数组长度改为 8，函数体中，for 语句的循环条件也改为 i<8。因此，形参数组 a 和实参数组 b 的长度不一致。编译能够通过，但从结果看，数组 a 的元素 a[5]，a[6]，a[7]显然是无意义的。

③ 在函数形参表中，允许不给出形参数组的长度，或用一个变量来表示数组元素的个数。例如，可以写为：

```
void funct(int a[])
```

或写为：

```
void funct(int a[], int n)
```

其中，形参数组 a 没有给出长度，而由 n 值动态地表示数组的长度。n 值由主调函数的实参进行传送。

由此，例 7-10 又可改为例 7-11 的形式。

例 7-11 数组 a 中存放了一个学生 5 门课程的成绩。

源程序：

```
#include <stdio.h>
void funct(int a[],int n)
{
    int i;
    printf("\nvalues of array a are:\n");
    for(i=0;i<n;i++)
    {
        if(a[i]<0)
            a[i]=0;
        printf("%d ",a[i]);
    }
}
int main(void)
{
    int b[5],i;
    printf("\ninput 5 numbers:\n");
    for(i=0;i<5;i++)
        scanf("%d",&b[i]);
    printf("initial values of array b are:\n");
    for(i=0;i<5;i++)
        printf("%d ",b[i]);
    funct(b,5);
    printf("\nlast values of array b are:\n");
    for(i=0;i<5;i++)
        printf("%d ",b[i]);
    printf("\n");
    return 0;
}
```

程序运行结果：

```
input 5 numbers:
81 83 88 79 77
输出：
initial values of array b are:
81 83 88 79 77
values of array a are:
81 83 88 79 77
last values of array b are:
81 83 88 79 77
```

本程序 funct()函数形参数组 a 没有给出长度，由 n 动态确定该长度。在 main()函数中，函数调用语句为 funct(b,5)，其中实参 5 将赋予形参 n 并作为形参数组的长度。

④ 多维数组也可以作为函数的参数。在函数定义时对形参数组可以指定每一维的长度，也可省去第一维的长度。因此，以下写法都是合法的。

```
int MA(int a[3][10])
```

或

```
int MA(int a[][10])
```

7.3　变量与函数

7.3.1　局部变量和全局变量

在讨论函数的形参变量时曾经提到，形参变量只在被调用期间才分配内存单元，调用结束立即释放。这一点表明形参变量只有在函数内才是有效的，离开该函数就不能再使用了。这种变量有效性的范围称为变量的作用域。不仅对于形参变量，C 语言中所有的量都有自己的作用域。变量说明的方式不同，其作用域也不同。C 语言中的变量，按作用域范围可分为两种，即局部变量和全局变量。

1. 局部变量

局部变量也称为内部变量，局部变量是在函数内作定义说明的，其作用域仅限于函数内，离开该函数后再使用这种变量是非法的。

例如：

```
int f1(int a)          /*函数 f1()*/
{
int b,c;
…
}
```

a,b,c 有效

```
int f2(int x)          /*函数 f2()*/
{
int y,z;
…
}
```

x,y,z 有效

```
int main(void)
{
 int m,n;
 …
}
```

m,n 有效

在函数 f1()内定义了三个变量，a 为形参，b、c 为一般变量。在 f1 的范围内 a、b、c 有效，或者说 a、b、c 变量的作用域限于 f1()内。同理，x、y、z 的作用域限于 f2()内。m、n 的作用域限于 main()函数内。关于局部变量的作用域还要说明以下几点：

（1）主函数中定义的变量也只能在主函数中使用，不能在其他函数中使用。同时，主函数中也不能使用其他函数中定义的变量。因为主函数也是一个函数，它与其他函数是平行关系。这一点与其他语言不同，应予以注意。

（2）形参变量是属于被调函数的局部变量，实参变量是属于主调函数的局部变量。

（3）允许在不同的函数中使用相同的变量名，它们代表不同的对象，分配不同的单元，互不干扰，也不会发生混淆。如在前例中，形参和实参的变量名都为 n，是完全允许的。

（4）在复合语句中也可定义变量，其作用域只在复合语句范围内。

例如：

```
int main(void)
{
 int s,a;
 …
{
 int b;
 s=a+b;
 …                     /*b 作用域*/
}
…                      /*s,a 作用域*/
}
```

例 7-12　在复合语句内定义变量。

源程序：

```
#include <stdio.h>
int main(void)
{
    int i=2,j=3,k;
    k=i+j;
    {
        int k=8;
        printf("%d\n",k);           /*复合语句内定义的 k 起作用*/
    }
    printf("%d\n",k);               /*k 应为 main()所定义的 k,故输出为 5*/
    return 0;
}
```

程序运行结果：

```
输出:
8
5
```

本程序在 main()中定义了 i、j、k 三个变量，其中 k 未赋初值。而在复合语句内又定义了一个变量 k，并赋初值为 8。应该注意，这两个 k 不是同一个变量。在复合语句外由 main()定义的 k 起作用，而在复合语句内则由在复合语句内定义的 k 起作用。因此程序第 5 行的 k 为 main()所定义，其值应为 5。第 8 行输出 k 值，该行在复合语句内，由复合语句内第 7 行定义的 k 起作用，其初值为 8，故输出值为 8。第 9 行输出 k 值，而第 9 行已在复合语句之外，输出的 k 应为 main()所定义的 k，此 k 值由第 5 行已获得为 5，故输出也为 5。

2. 全局变量

全局变量也称为外部变量，它是在函数外部定义的变量。它不属于哪一个函数，它属于一个源程序文件，其作用域是整个源程序。在函数中使用全局变量，一般应作全局变量说明。只有在函数内经过说明的全局变量才能使用。全局变量的说明符为 extern。但在一个函数之前定义的全局变量，在该函数内使用可不再加以说明。

例如：

```
int a,b;           /*外部变量*/
void f1()          /*函数 f1()*/
{
  …
}
float x,y;         /*外部变量*/
int fz()           /*函数 fz()*/
{
  …
}
main()           /*主函数*/
{
    …
}
```

从上例可以看出 a、b、x、y 都是在函数外部定义的外部变量，都是全局变量。但 x、y 定义在函数 f1()之后，而在 f1()内又无对 x、y 的说明，所以它们在 f1()内无效。a、b 定义在源程序最前面，因此在 f1()、f2()及 main()内不加说明也可使用。

例 7-13　输入正方体的长宽高 l，w，h。求体积及三个面 x*y，x*z，y*z 的面积。

源程序：

```
#include <stdio.h>
int s1,s2,s3;              /*s1,s2,s3 为外部变量*/
int vs( int a,int b,int c)
{
    int v;
    v=a*b*c;
    s1=a*b;
    s2=b*c;
    s3=a*c;
    return v;
}
int main(void)
{
    int v,l,w,h;
    printf("\ninput length,width and height\n");
    scanf("%d%d%d",&l,&w,&h);
    v=vs(l,w,h);
    printf("\nv=%d,s1=%d,s2=%d,s3=%d\n",v,s1,s2,s3);
    return 0;
}
```

程序运行结果：

```
input length,width and height
3 4 5
```

输出：v=60,s1=12,s2=20,s3=15

例 7-14 外部变量与局部变量同名。

源程序：

```
#include <stdio.h>
int a=3,b=5;                   /*a,b 为外部变量*/
int max(int a,int b)           /*a,b 为局部变量*/
{
    int c;
    c=a>b?a:b;
    return(c);
}
int main(void)
{
    int a=8;
    printf("%d\n",max(a,b));
    return 0;
}
```

程序运行结果：

输出：8

如果同一个源文件中，外部变量与局部变量同名，则在局部变量的作用范围内，外部变量被"屏蔽"，即它不起作用。

7.3.2 变量的存储类别

1. 动态存储方式与静态动态存储方式

前面已经介绍了，从变量的作用域（即从空间）角度来分，可以分为全局变量和局部变量。从另一个角度，从变量值存在的时间（即生存期）角度来分，可以分为静态存储方式和动态存储方式。

静态存储方式，是指在程序运行期间分配固定的存储空间的方式。

动态存储方式，是在程序运行期间根据需要进行动态分配存储空间的方式。

用户存储空间可以分为三个部分：程序区，静态存储区，动态存储区。

全局变量全部存放在静态存储区，在程序开始执行时给全局变量分配存储区，程序执行完毕就释放。在程序执行过程中它们占据固定的存储单元，而不动态地进行分配和释放。

动态存储区存放以下数据：函数形式参数；自动变量（未加 static 声明的局部变量）；函数调用时的现场保护和返回地址。

对以上这些数据，在函数开始调用时分配动态存储空间，函数结束时释放这些空间。

在 C 语言中，每个变量和函数有两个属性：数据类型和数据的存储类别。

2. auto 变量

函数中的局部变量，如不专门声明为 static 存储类别，都是动态地分配存储空间，数据存储在动态存储区中。函数中的形参和在函数中定义的变量（包括在复合语句中定义的变量），都属此类，在调用该函数时系统会给它们分配存储空间，在函数调用结束时就自动释放这些存储空间。这类局部变量称为自动变量。自动变量用关键字 auto 作存储类别的声明。

例如：

```
int f(int a)              /*定义 f()函数，a 为参数*/
{auto int b,c=3;          /*定义 b，c 自动变量*/
 ...
}
```

a 是形参，b、c 是自动变量，对 c 赋初值 3。执行完 f()函数后，自动释放 a、b、c 所占的存储单元。

关键字 auto 可以省略，auto 不写则隐含设定为“自动存储类别”，属于动态存储方式。

3. 用 static 声明局部变量

有时希望函数中的局部变量的值在函数调用结束后不消失而保留原值，这时就应该指定局部变量为“静态局部变量”，用关键字 static 进行声明。

例 7-15　考察静态局部变量的值。

源程序：

```
#include <stdio.h>
int f(int a)
{
    auto b=0;
    static c=3;          /*定义静态局部变量 c，只赋初值一次*/
    b=b+1;
    c=c+1;
    return(a+b+c);
}
int main(void)
{
    int a=2,i;
    for(i=0;i<3;i++)
        printf("%d",f(a));
    printf("\n");
    return 0;
}
```

程序运行结果：

```
输出：789
```

对静态局部变量的说明：

（1）静态局部变量属于静态存储类别，在静态存储区内分配存储单元。在程序整个运行期间都不释放。而自动变量（即动态局部变量）属于动态存储类别，占动态存储空间，函数调用结束后即释放。

（2）静态局部变量在编译时赋初值，即只赋初值一次；而对自动变量赋初值是在函数调用时进行，每调用一次函数重新给一次初值，相当于执行一次赋值语句。

（3）如果在定义局部变量时不赋初值的话，则对静态局部变量来说，编译时自动赋初值 0（对数值型变量）或空字符（对字符变量）。而对自动变量来说，如果不赋初值则它的值是一个不确定的值。

例 7-16 打印 1 到 5 的阶乘值。

源程序：

```
#include <stdio.h>
int fac(int n)                /*计算 n 阶乘的值*/
{
    static int f=1;
    f=f*n;
    return (f);
}
int main(void)
{
    int i;
    for(i=1;i<=5;i++)
        printf("%d!=%d\n",i,fac(i));
    return 0;
}
```

程序运行结果：

```
输出:
1!=1
2!=2
3!=6
4!=24
5!=120
```

7.3.3 函数的调用

1. 嵌套调用

C 语言中不允许作嵌套的函数定义。因此各函数之间是平行的，不存在上一级函数和下一级函数的问题。但是 C 语言允许在一个函数的定义中出现对另一个函数的调用。这样就出现了函数的嵌套调用，即在被调函数中又调用其他函数，这与其他语言的子程序嵌套的情形是类似的，其关系可表示如图 7.2 所示。

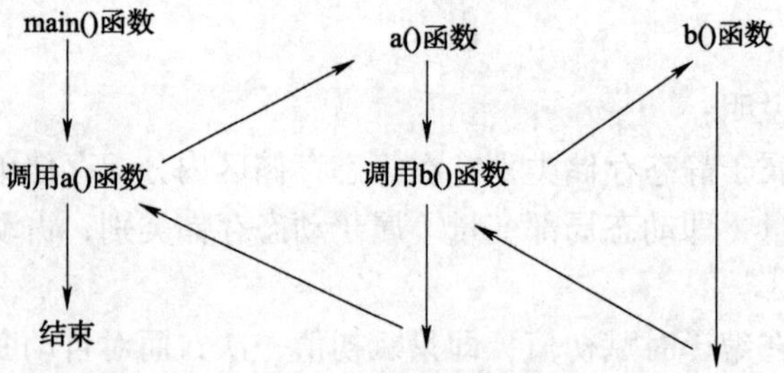

图 7.2 嵌套调用

图 7.2 表示了两层嵌套的情形。其执行过程是：执行 main()函数中调用 a()函数的语句时，即转去执行 a()函数，在 a()函数中调用 b()函数时，又转去执行 b()函数，b()函数执行完毕返回 a()函数的断点继续执行，a()函数执行完毕返回 main()函数的断点继续执行。

例 7-17　计算 $s=2^2!+3^2!$。

本题可编写两个函数：一个是用来计算平方值的函数 f1()；另一个是用来计算阶乘值的函数 f2()。主函数先调用 f1()计算出平方值，再在 f1()中以平方值为实参，调用 f2()计算其阶乘值，然后返回 f1()，再返回主函数，在循环程序中计算累加和。

源程序：

```
#include <stdio.h>
long f1(int p)                      /*f1()函数原型*/
{
    int k;
    long r;
    long f2(int);                   /*函数说明*/
    k=p*p;
    r=f2(k);
    return r;
}
long f2(int q)                      /*计算 q 阶乘的值*/
{
    long c=1;
    int i;
    for(i=1;i<=q;i++)
    c=c*i;
    return c;
}
int main(void)
{
    int i;
    long s=0;
    for(i=2;i<=3;i++)
        s=s+f1(i);
    printf("\ns=%ld\n",s);
    return 0;
}
```

程序运行结果：

```
输出: s=362904
```

在程序中，函数 f1()和 f2()均为长整型，都在主函数之前定义，故不必再在主函数中对 f1()和 f2()加以说明。在主程序中，执行循环程序依次把 i 值作为实参调用函数 f1()求 i^2 值。在 f1()中又发生对函数 f2()的调用，这时是把 i^2 的值作为实参去调用 f2()，在 f2()中完成求 $i^2!$ 的计算。f2()执行完毕把 c 值（即 $i^2!$）返回给 f1()，再由 f1()返回主函数实现累加。至此，由函数的嵌套调用实现了题目的要求。

2. 递归调用

一个函数在它的函数体内调用它自身称为递归调用，这种函数称为递归函数。C 语言允许函数的递归调用。在递归调用中，主调函数又是被调函数。执行递归函数将反复调用其自身，每调用一次就进入新的一层。

例如，有函数 f 如下：

```
int f(int x)
{
  int y;
  z=f(y);
  return z;
}
```

这个函数是一个递归函数，但是运行该函数将无休止地调用其自身，这当然是不正确的。为了防止递归调用无终止地进行，必须在函数内有终止递归调用的手段。常用的办法是加条件判断，满足某种条件后就不再作递归调用，然后逐层返回。下面举例说明递归调用的执行过程。

例 7-18　用递归法计算 $n!$。用递归法计算 $n!$可用下述公式表示：

$n!=1$　　　　（$n=0，1$）

$n\times(n-1)!$　　　（$n>1$）

源程序：

```
#include <stdio.h>
long ff(int n)                    /*递归函数*/
{
    long f;
    if(n<0)
        printf("n<0,input error");
    else if(n==0||n==1)
        f=1;
    else
        f=ff(n-1)*n;        /*调用其自身*/
    return(f);
}
int main(void)
{
    int n;
    long y;
    printf("\ninput a inteager number:\n");
    scanf("%d",&n);
    y=ff(n);
    printf("%d!=%ld\n",n,y);
    return 0;
}
```

程序运行结果：

```
input a inteager number:
10
输出: 10! =3628800
```

程序中给出的函数 ff()是一个递归函数。主函数调用 ff()后即进入函数 ff()执行，如果 n<0，n==0 或 n=1 时都将结束函数的执行，否则就递归调用 ff()函数自身。由于每次递归调用的实参

为 n–1，即把 n–1 的值赋予形参 n，最后当 n–1 的值为 1 时再作递归调用，形参 n 的值也为 1，将使递归终止，然后可逐层退回。

下面我们再举例说明该过程。设执行本程序时输入为 5，即求 5!。在主函数中的调用语句即为 y=ff(5)，进入 ff()函数后，由于 n=5，不等于 0 或 1，故应执行 f=ff(n–1)*n，即 f=ff(5–1)*5。该语句对 ff()作递归调用即 ff(4)。

进行四次递归调用后，ff 函数形参取得的值变为 1，故不再继续递归调用而开始逐层返回主调函数。ff(1)的函数返回值为 1，ff(2)的返回值为 1*2=2，ff(3)的返回值为 2*3=6，ff(4)的返回值为 6*4=24，最后返回值 ff(5)为 24*5=120。

例 7-18 也可以不用递归的方法来完成。如可以用递推法，即从 1 开始乘以 2，再乘以 3……直到 n。递推法比递归法更容易理解和实现，但是有些问题则只能用递归算法才能实现。典型的问题是 Hanoi 塔问题。

例 7-19 Hanoi 塔问题。

一块板上有三根针，A、B、C。A 针上套有 64 个大小不等的圆盘，大的在下，小的在上。要把这 64 个圆盘从 A 针移动到 C 针上，每次只能移动一个圆盘，移动可以借助 B 针进行。但在任何时候，任何针上的圆盘都必须保持大盘在下，小盘在上。求移动的步骤。

本题算法分析如下，设 A 上有 n 个盘子。

如果 n=1，则将圆盘从 A 直接移动到 C。

如果 n=2，则：

① 将 A 上的 n–1（等于 1）个圆盘移到 B 上。

② 再将 A 上的一个圆盘移到 C 上。

③ 最后将 B 上的 n–1（等于 1）个圆盘移到 C 上。

如果 n=3，则：

① 将 A 上的 n–1（等于 2，令其为 n`）个圆盘移到 B（借助于 C），步骤如下：

a. 将 A 上的 n`–1（等于 1）个圆盘移到 C 上。

b. 将 A 上的一个圆盘移到 B。

c. 将 C 上的 n`–1（等于 1）个圆盘移到 B。

② 将 A 上的一个圆盘移到 C。

③ 将 B 上的 n–1（等于 2，令其为 n`）个圆盘移到 C（借助 A），步骤如下：

a. 将 B 上的 n`–1（等于 1）个圆盘移到 A。

b. 将 B 上的一个盘子移到 C。

c. 将 A 上的 n`–1（等于 1）个圆盘移到 C。

到此，完成了三个圆盘的移动过程。

从上面分析可以看出，当 n 大于等于 2 时，移动的过程可分解为三个步骤：

第一步：把 A 上的 n–1 个圆盘移到 B 上。

第二步：把 A 上的一个圆盘移到 C 上。

第三步：把 B 上的 n–1 个圆盘移到 C 上；其中第一步和第三步是类同的。

当 n=3 时，第一步和第三步又分解为类同的三步，即把 n–1 个圆盘从一个针移到另一个针上，这里的 n`=n–1。显然这是一个递归过程，据此算法可编程如下：

源程序：

```
#include <stdio.h>
void move(int n,int x,int y,int z)
{
    if(n==1)
        printf("%c-->%c\n",x,z);
    else
    {
        move(n-1,x,z,y);
        printf("%c-->%c\n",x,z);
        move(n-1,y,x,z);
    }
}
int main(void)
{
    int h;
    printf("\ninput number:\n");
    scanf("%d",&h);
    printf("the step to moving %2d diskes:\n",h);
    move(h,'a','b','c');
    return 0;
}
```

程序运行结果：

```
input number:
4
输出：
the step to moving 4 diskes:
a-->b
a-->c
b-->c
a-->b
c-->a
c-->b
a-->b
a-->c
b-->c
b-->a
c-->a
b-->c
a-->b
a-->c
b-->c
```

从程序中可以看出，move()函数是一个递归函数，它有四个形参 n、x、y、z。n 表示圆盘数，x、y、z 分别表示三根针。move()函数的功能是把 x 上的 n 个圆盘移动到 z 上。当 n==1 时，直接把 x 上的圆盘移至 z 上，输出 x→z。如 n!=1，则分为三步：递归调用 move()函数，把 n−1 个圆盘从 x 移到 y；输出 x→z；递归调用 move()函数，把 n−1 个圆盘从 y 移到 z。在递归调用过程中，n=n-1，故n的值逐次递减，最后n=1时，终止递归，逐层返回。

习 题

一、选择题

1. 以下说法中正确的是（ ）。

   A. C语言程序总是从第一个函数开始执行

   B. 在C语言程序中，要调用的函数必须在main()函数中定义

   C. C语言程序总是从main()函数开始执行

   D. C语言程序中的main()函数必须放在程序的开始部分

2. 下列函数fun()返回值的类型是（ ）。

```
float fun(int x)
{
   x++;
   return x;
}
```

   A. void　　B. int　　C. float　　D. 无法确定

3. 以下程序运行后

```
viod fun (int a,int b,int c)
{a=456;b=567;c=678;}
int main(void)
{
int x=10,y=20,z=30;
fun (x,y,z);
printf("%d,%d.%d",x,y,z);
return 0 ;
}
```

输出结果是（ ）。

   A. 30,20,10　　B. 10,20,30

   C. 456,567,678　　D. 678,567,456

4. 以下程序运行后，输出结果是（ ）。

```
int prod( int m, int n);
void main(void)
{   int x=10, y=20, p, q;
    p=prod(x, y);
    q=prod(p, prod(x, y));
    printf("%d  %d\n", p,q);
}
int prod( int a, int b){
    return (a*b);
}
```

   A. 200　　B. 4000　　C. 40000　　D. 不确定

5. 请读以下程序

```
#include <stdio.h>
```

```
void main()
{
    int i=2,p;
    int f(int a,int b);
    p=f(i,i+1);
    printf("%d",p);
}
int f(int a,int b)
{
    return(a+b);
}
```

上面程序的输出结果是（　　）。

A. 5　　B. 2　　C. 3　　D. 不确定

6. 请读以下程序

```
fun3(int x)
{
   static int a=3;
   a+=x;
   return(a);
}
int main(void)
{
   int k=2, m=1, n;
   n=fun3(k);
   n=fun3(m);
   printf("%d\n",n);
   return 0;
}
```

程序的输出是（　　）。

A. 3　　B. 4　　C. 6　　D. 9

7. 以下选项中，正确的函数声明是（　　）。

A. int fun(float a, float b);　　B. int fun(float a; float b);

C. int fun(float a, float b)　　D. int fun(float a, b);

8. 关于函数定义，以下各个选项中，正确的是（　　）。

A. 在函数体中可以有多个 return 语句

B. 返回类型为 void 的函数体中不能有 return 语句

C. 在函数体中可以定义与其形参变量同名的变量

D. 当一个程序需有多个函数定义时，都必须在同一个文件中

二、编程题

1. 把 20 个随机数存入一个数组，然后输出该数组中的最小值。其中确定最小值的下标的操作在 fun()函数中实现，请给出该函数的定义。

2. 编写函数 float fun(double h)，函数的功能是对变量 h 中的值保留 2 位小数，并对第三位进行四舍五入（规定 h 中的值为正数）。

例如：h 值为 8.32433，则函数返回 8.32；h 值为 8.32533，则函数返回 8.33。

3. 编写函数 fun()，函数的功能是：从字符串中删除指定的字符。同一字母的大、小写按不同字符处理。

例：若程序执行时，输入字符串为：turbo c and Borland c++，从键盘上输入字符：n，则输出后变为：turbo c ad borlad c++；如果输入的字符不存在，则字符串照原样输出。

4. 编写函数 unsigned fun(unsigned w)，w 是一个大于 10 的无符号整数，若 w 是 n（n≥2）位的整数，函数求出 w 的后 n–1 位的数作为函数值返回。

例如：w 值为 5923，则函数返回 923；w 值为 923，则函数返回 23。

5. 编写函数 int fun(int lim,int aa[MAX])，该函数的功能是求出小于 lim 的所有素数并放在 aa 数组中，该函数返回所求出素数的个数。

6. 某公司发放了一个调查问卷，在回收的问卷中，发现有一项关于年龄的数据，由于某些原因输入的数据是错误的（假设合理的年龄在 0 ~ 100 之间）。main 程序中，假设已有 10 个关于年龄的数据保存在数组中,有 int age[10]= {18,25,–13,15,35,175,27,19, –34,27};要求编写函数 fun()，统计有效数据的个数，将不合理数据修改为–1，并输出所有数据。

7. 编写函数 fun()，对长度为 7 个字符的字符串，除首、尾字符外，将其余 5 个字符按降序排列。例如，原来的字符串为 CEAedca，排序后输出为 CedcEAa。

8. 编写函数 fun()，其中 n 所指存储单元中存放了数组中元素的个数。函数的功能是：删除所有值为 y 的元素。数组元素中的值和 y 的值由主函数通过键盘读入。

第8章 指针及其应用

指针是C语言中一种重要的数据类型，也是C语言的一个重要特色。正确而灵活地运用指针，可以有效地表示复杂的数据结构，动态地分配存储单元，方便灵活地使用字符串和数组，能像汇编语言一样处理内存地址，调用函数时不用全局变量也能获得多个返回值等。指针是C语言的精华，掌握并应用指针可以编写出精练而高效的程序。指针的概念比较复杂，使用也比较灵活，初学时常会出错，因此必须多思考、多比较、多实践。

本章主要介绍指针和指针变量的概念，介绍用指针变量引用变量、数组、字符串和函数等内容以及存储空间的动态分配与释放。

8.1 指针和指针变量的概念

计算机的内存是以字节为单位编号的，每个字节都有一个唯一的编号，这个编号就是内存地址。

程序中定义了变量，编译系统就会根据变量的类型，在内存为它分配存储单元（例如：int型占2字节或者4字节，float型占4字节等）。存储单元的第一个字节的地址即存储单元的首地址，就是变量的地址。每个变量名对应一个唯一的内存地址，即存储单元的首地址，编译系统会自动建立起变量名与变量地址的对应关系。

在程序中存或取变量的值是通过变量名对存储单元进行操作的。

8.1.1 指针概念的引入

例 8-1

源程序：

```
#include <stdio.h>
int main(void)
{
    char me[20];
    int age;
    printf("What is your name?\n");
    scanf("%s", me);
    printf("How old are you?\n");
    scanf("%d", &age);
    printf("Hi, %s, very glad to meet you!\n",me);
```

```
    printf("Ten years before you were %d years old.\n",age-10);
   return 0;
}
```

这是一段很简单的程序，要求输入姓名、年龄之后输出十年前的年龄。

我们再看这段程序：

```
#include <stdio.h>
int main(void)
{
    char me[20];
    int age, *p;
    p=&age;
    printf("What is your name?\n");
    scanf("%s", me);
    printf("How old are you?\n");
    scanf("%d", p);
    printf("Hi, %s, very glad to meet you!\n",me);
      printf("Ten years before you were %d years old.\n",*p-10);
    return 0;
}
```

经上机运行得知，它和前面一段程序的运行效果完全相同！但这两段程序的代码并不完全相同。仔细观察，会发现本段程序用字符串*p 取代了 age 出现的位置。这说明了什么呢？*p 是什么意思呢？我们再看一个例子后再解释。

例 8-2　输入三个整数 x、y、z，把这三个数由小到大输出。

源程序：

```
#include  <stdio.h>
int main(void)
{
    int  x, y, z, t;
    printf("Enter 3 integers:\n");
    scanf("%d%d%d",&x,&y,&z);
    if (x>y)
    {    t=x; x=y; y=t;}     /*交换 x,y 的值*/
    if(x>z)
    {    t=z; z=x; x=t;}     /*交换 x,z 的值*/
    if(y>z)
    {    t=y; y=z; z=t;}     /*交换 z,y 的值*/
    printf("3 integers from small to big:\n %d %d %d\n",x,y,z);
    return 0 ;
}
```

运行时，随意地输入三个整数，程序会自动地把这三个数按从小到大的顺序输出。再看下面的程序：

```
#include  <stdio.h>
int main(void)
{
    int  x, y, z, t;
    int *px=&x, *py=&y, *pz=&z, *pt=&t;
    printf("Enter 3 integers:\n");
```

```
    scanf("%d%d%d",px,py,pz);
    if (*px>*py)
    {    *pt=*px; *px=*py; *py=*pt;}    /*交换 x,y 的值*/
    if(*px>*pz)
    {    *pt=*pz; *pz=*px; *px=*pt;}    /*交换 x,z 的值*/
    if(*py>*pz)
    {    *pt=*py; *py=*pz; *pz=*pt;}    /*交换 z,y 的值*/
    printf("3 integers from small to big: \n%d %d %d\n", *px, *py, *pz);
    return 0;
}
```

你会发现，也能得到完全相同的运行效果。而这里，也是用 px、py、pz、pt 等标识符前面加“*”号，取代了 x、y、z 和 t。

以上这两个例子的第二段程序，就利用了这一章要给大家介绍的指针概念。

在计算机高级语言中是通过变量来使用数据的（称之为引用数据），变量名是数据单元的名称。其实，在 C 语言中引用数据还可以用另外一种形式——使用数据单元的地址。

打个比方，如果我们到一个饭店去用餐，报上订餐时安排的餐厅名称，比如西华厅、盛丰厅等，服务员就会据此引领我们到那个餐厅。即通过这些餐厅名就可以找到这个餐厅。但其实我们还可以利用另外一种方式来找到所要去的餐厅，就是利用餐厅的编号（或说地址）来找到目的地，比如说 112 号房间，113 号房间等。这个寻觅餐厅的过程与高级语言中引用数据的过程十分类似，前者类似于使用变量名来引用数据，后者类似于 C 语言中的使用指针来引用数据。

通过前面的学习我们知道，程序设计中几乎所有的正在处理的数据都是存放在计算机内存中（少量是放在寄存器中），内存是由许多连续的字节组成的。不同类型的数据占用了不同个数的字节，如 int 类型数据占用 4 字节，double 类型数据占用 8 字节等。内存中每个字节都有一个唯一的物理地址，按字节摆放的顺序递增，换句话说，内存地址本意上是一个字节单元的物理地址。在程序中，一个数据单元往往占用多个字节，我们把这些内存单元中第一个字节的地址叫做这个数据单元的物理地址（内存地址）。注意，这样的地址有别于一个字节的地址，因为它是整个数据单元的地址，据此访问的应该是整个数据单元，而不是一个字节，尽管二者都是物理地址，在形式上相同。为了区别这两者，C 语言把数据单元的物理地址称之为指针，意为可以直接指向数据单元。所以指针是数据单元物理地址的别名。

知道了数据单元的物理地址，或说指针值，自然可以方便地访问到这个数据。但高级语言往往禁止直接使用内存地址值，不能在程序中直接体现出这个值来。所以 C 语言做了一个变通，把数据的地址值（指针）存放在一个变量里面来使用，编程中引用的是这个变量名，这样地址值就可以不出现在程序中了。专门存放指针的变量就叫作指针变量。

如图 8.1 所示，若我们在变量 b 中存放数值 127，在指针变量 b_ptr 中存放变量 b 的地址（即 FFF0，指针变量 b_ptr 中存有变量 b 的地址在 C 语言中叫作指向变量 b），那么我们在程序中既可以通过引用变量 b 来得到 127 这个数值，也可以通过访问指针变量 b_ptr 来得到变量 b 的地址，从而访问到数值 127（间接访问）。

请注意区分指针和指针变量。指针是地址值，其本身是一个常量，如图 8.1 中的 FFF0。指针变量是用来存放指针的一个内存数据单元，其内容可以改变，如图 8.1 中的 b_ptr，二者是不相同的。不过，指针和指针变量在概念上虽然不同，但因为指针一定要放在指针变量里面来用，二者形影不离，在不产生误解的情况下，习惯上往往将指针变量简称为指针。

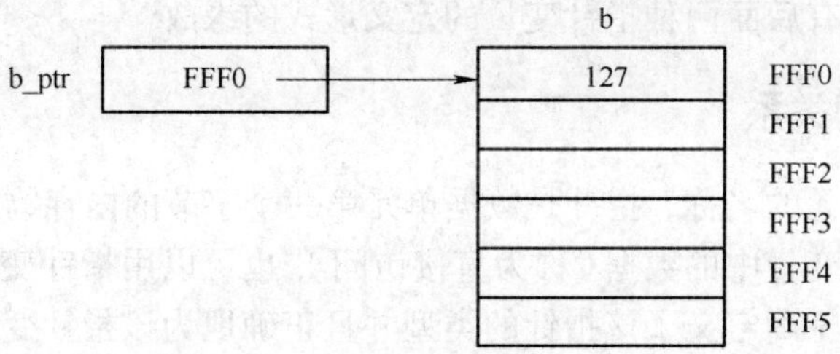

图 8.1　指针变量

其实，在 C 语言中，不仅是数据单元的地址被称为指针，所有被程序处理的客体，像数组、字符串、结构体、共用体等，甚至函数，因为都是存放于内存中，其首地址都被称之为指针，也都可以存放于指针变量之中。

使用指针，使 C 语言具有了其他高级语言所不具备的直接访问底层数据的功能，可以完成许多原来只能由汇编语言才能完成的操作，成为了一种功能强大的高级语言。

8.1.2　定义指针变量

同其他变量的使用要求一样，指针变量在使用之前必须先定义（或说声明）指针变量。

在前面的例题中我们看到类似这样的一些语句：

```
int  *p;
int  *px=&x, *py=&y, *pz=&z, *pt=&t;
```

这就是在定义指针变量。

指针变量的定义形式有三种：

```
类型名  *指针变量名;
类型名  *  指针变量名;
类型名*  指针变量名;
```

其中，“类型名”是 C 语言中的任意一种数据类型名，是该指针所指向的数据的类型；“指针变量名”是指针变量的名称，需要符合 C 语言标识符的命名规则。这里的“*”号为指针定义符，仅仅在指针定义的时候出现，注意不要与乘号*和下面要讲到的间接访问运算符*相混淆，它们出现的环境是完全不同的。指针定义现在常用第一种形式，例如：

```
int  *pointer;
```

定义了一个名为 pointer 的指针变量，该指针变量存放的地址可以指向任意 int 类型的数据。

请同学们注意，指针变量的定义与普通变量的定义有很大的不同，不能像这样来定义指针变量：

```
指针变量类型名  指针变量名;
```

即是说，不存在一个专门的指针变量类型以类似定义普通变量的方式来定义指针变量，因为指针值本身都是内存的地址，无类型之分。但是，指针变量又应该是有类型的，否则就无法区分所指向的数据对象是什么类型了。那么该如何解决这个矛盾呢？C 语言是这样规定的：指针变量的类型由其指向的数据之类型来确定，也就是说要根据指针所要指向的数据对象的类型来定义指针变量的类型。这种类型是一种导出型的数据类型，既不同于所指向的数据类型，有与该数据类型相关联。所以就出现了上述特殊的指针变量的定义形式。为了与以前的变量定义形式统一起来，我们可以把指针变量定义形式中的“类型名 *”这一部分理解成指针变量的类型名，这也是为什么会有后面两种指针变量的定义形式的缘故。

8.1.3 指针与变量的关系

变量是某个数据单元的名称，指针是数据单元第一个字节的内存物理地址。在 C 语言中既可以直接用变量名访问变量中的数据（称为直接访问），也可以用指针变量来访问所指向内存单元的数据，前提是已经正确定义了该指针的类型并且正确地为该指针变量赋值，否则无法得知该数据的长度、组织形式以及该数据物理单元开始的位置。因为此时指针变量里存放的不是所要用到的数据，而是数据所存放的地址，需要用这个地址再去找那个数据，所以这种访问被称为“间接访问”（见图 8.1）。

指针变量如何指向相关类型的变量呢？只要在这个指针变量里存入变量的地址就可以了，或者说，将所要访问的变量地址赋值给该指针变量即可。在前面学习 scanf()函数时我们知道了在变量名前面加取地址运算符“&”，那么这个组合就意味着该变量的地址。所以可以用这样的形式来获得某个特定变量的地址并赋值给指针，从而使该指针变量指向该特定变量：

```
指针变量名=&变量名;
```

例如：

```
int  *pointer;
int  a=5;
pointer=&a;
```

定义了一个指向 int 类型的指针变量 pointer，又定义了一个 int 类型的变量 a，经过赋值语句 pointer=&a;，pointer 就指向了变量 a。

C 语言又规定，在指针变量前加间接访问运算符 *（亦称指针运算符，取数据运算符等。这个“*”与指针变量定义时出现的那个“*”含义完全不同，要注意区别），这样的组合就表示指针所指向单元的数据内容。因为在 C 语言中，变量名的书写就是对变量内容的引用，或者说得更明白些，变量名就代表了变量中的内容（数值），所以，当指针 pointer 具有和变量 a 相同的类型而又指向变量 a 时，*pointer 和 a 等价。以上述语句为例，二者（*pointer 和 a）都在程序中代表数值 5。

8.1.4 为指针变量赋值及指针变量的初始化

如前所述，用以下形式为指针赋值（前提是指针类型和变量类型必须一致）：

```
pointer=&variable;
```

经赋值以后，指针就指向变量 variable 了，也就是说 pointer 中存放了变量 variable 的地址。

也可以在声明（定义）指针的同时为指针指定初值，称为对指针变量的初始化：

```
int   variable,  *pointer=&variable;
```

注意：变量 variable 的声明一定要在 pointer 声明之前，否则*pointer=&variable 就无意义了，会产生错误。

在例 8-2 中的语句

```
int *px=&x, *py=&y, *pz=&z, *pt=&t;
```

就是在声明指针 px、py 和 pz 的同时对它们进行初始化。

还可以用已经有所指向的指针为另一个指针赋值：

```
pointer_1=pointer;
```

这样，pointer_1 也指向 pointer 指向的同样的数据单元。这样做的前提是 pointer 和 pointer_1 具有相同的类型。既然在

```
pointer=&variable;
```

的前提下，pointer 和 &variable 完全等价；* pointer 和 variable 完全等价。互相代入，会有&(* pointer)等价于 pointer，*(&variable)等价于 variable。也就是说，&*pointer 等价于 pointer，*&variable 等价于 variable。

8.1.5　利用指针变量进行数据处理

以下给出几个正确和错误使用指针变量的例子。

例 8-3　编写一个给指针变量赋值的程序

源程序：

```
#include <stdio.h>
int main(void)
{
    float a=0, b=6.0, *ptr1, *ptr2; /*可在一行内既声明普通变量，也声明指针变量*/
    ptr1=&a;                        /*令 ptr1 指向变量 a */
    printf("Enter a data:\n");
    scanf("%f", ptr1);              /*令从键盘输入 2.0 到 ptr1 所指向的 a 中*/
    *ptr1=*ptr1+2;                  /*等价于 a=a+2; */
    ptr2=ptr1;
    ptr1=&b;
    printf("%f,  %f\n", *ptr2,*ptr1);
    return 0;
}
```

注意，语句 scanf("%f", ptr1);中，ptr1 前面没有加取地址运算符&，因为 ptr1 是指针，本身就是地址。

程序运行结果：

```
输入: 2.0
输出: 4.000000,     6.000000
```

例 8-4　下面的程序中，有几处指针变量的使用是非法的。

源程序：

```
#include <stdio.h>
int main(void)
{
    int *ptr, a=1;
    float *pointer;
    *ptr=5;
    pointer=&a;
    printf("%x, %d, %d, %f\n", ptr, *ptr, *pointer, pointer);
    return 0;
}
```

本例题在 VC++环境下无法运行，因为编译会出错：

```
第 7 行: error C2440: '=' : cannot convert from 'int *' to 'float *'
```

改用另外一种编译器 TC 2.0，运行结果如下：

```
5aa, 5, 0, -6.460444702299122150000000000000000000000e30
```

TC 2.0 对 C 程序的语法错误的容忍度要高于 VC++，所以能有结果输出，但输出结果是令人难以置信的。这种现象的出现是因为本例题中有几处严重错误：首先，指针变量 ptr 没有赋初值，因此指向单元不确定。从后面的输出来看，ptr 的地址值是 5aa（16 进制），即 ptr 指向内存单元 5aa。而后的*ptr=5 操作是个非常冒险的举动，如果这个单元和其后的 5ab 单元里面存放着系统程序或数据，该操作将会破坏这些数据，带来灾难性的后果。

其次，pointer=&a 这步操作也是非法的。pointer 的类型是 float *，不能被赋予 int 变量 a 的地址，无法指向变量 a，因此*pointer 的输出不会是 a 的值 1。

最后，pointer 是指针变量，里面的内容无论如何也是一个地址值，是个整数，程序中按浮点格式输出，显然是荒唐的。

为了避免使用没有确定指向的指针变量，C 语言中可以用 NULL 来对指针变量赋初值。例如：

```
int  *pointer=NULL;
```

这时候的 pointer 不指向任何变量，称为“空指针”。NULL 是一个字符常量，用以替代数字 0，在头文件 stdio.h 中定义。所以，也可以这样定义空指针：

```
int  *pointer=0;
```

但千万不要认为可以用其他任何非零数字去初始化一个指针变量或者为指针变量赋值。像以下这样的写法都是错误的：

```
int  *pointer=1001;
pointer=1234;
```

也就是说，指针变量中的地址值只能由编译系统隐式地给定（如 pointer=&a 这样，用户看不到实际地址值），而不能由用户显示地给定。

例 8-5　再阅读例 8-2 中利用指针实现的那一段程序，可知程序中只是简单地以*px、*py、*pz 来替代 x、y、z。现在希望以调整指针指向的方式来实现同样的功能。

源程序：

```
#include <stdio.h>
int main(void)
{
    int  x, y, z;
    int *px=&x, *py=&y, *pz=&z, *pt;
    printf("Enter 3 integers:\n");
    scanf("%d%d%d",px,py,pz);
    if (*px>*py)
    {    pt=px; px=py; py=pt;}     /*交换指向 x, y 的指针*/
    if(*px>*pz)
    {    pt=pz; pz=px; px=pt;}     /*交换指向 x, z 的指针*/
    if(*py>*pz)
    {    pt=py; py=pz; pz=pt;}     /*交换指向 z, y 的指针*/
    printf("3 integers from small to big: \n%d %d %d\n", *px, *py, *pz);
    return 0;
}
```

本程序中，并没有调整变量 x、y、z 中值的大小顺序，而是调整指向它们的指针。待到调整结束后，px、py、pz 依次从小到大地指向三个变量（到底指向那个事先是不知道的，要看输入的数据大小而定）。

程序运行结果：

```
输入：34    12          8
输出：8     12          34
```

8.2　指针和一维数组

通过前面的学习我们知道，一维数组名是地址，因而也是一个指针。就是说，如果有：

```
int a[10];
```

则数组名 a 是该数组的首地址，即是数组元素 a[0]的地址&a[0]。用 C 语言的描述法来说就是表达式 a==&a[0] 为真。注意，除了声明数组之外，程序中其他的数组名后接方括号的写法，是表示数组元素名。数组元素名相当于变量名，其地址必须加上取地址运算符&才能得到，所以元素 a[0]的地址要写成&a[0]。类似地，有&a[1]、&a[2]、&a[i]等。

数组名可以为相同类型的指针变量赋值，使得该指针变量指向该数组首地址：

```
pointer=a  或者 pointer=&a[0]
```

此时，*pointer 等价于 a[0]。类似地，可以有

```
pointer=&a[i]
```

从而使得 *pointer 等价于 a[i]。

C 语言规定：如果指针 pointer 已经指向数组中的一个元素 a[i]，则 pointer+1 指向数组元素 a[i+1]，而不是 pointer 中地址值的简单加 1（地址值简单加 1，指向的是下一个字节）。

C 语言还规定，如果定义了：

```
int a[10];
```

那么 a 是数组元素 a[0]的地址，a+1 是数组元素 a[1]的地址，依此类推，a+i 是数组元素 a[i]的地址。

所以说，当 pointer 指向数组首地址时，即 pointer 的初值为 a（或说&a[0]），以下关系成立：

pointer+i 和 a+i 均指向 a[i]（即 pointer+i 和 a+i 都等价于&a[i]）；

(pointer+i)和(a+i)都等价于 a[i]；

因为此时 pointer 和 a 等价，所以一切可以书写数组名 a 的地方都可以写成 pointer，也就是说 a[i]等价于 pointer[i]，等价于*(pointer+i)，等价于*(a+i)。但前提是 pointer 指向数组 a 的首地址。

对于数组元素 a[i]来说，a[i]和 pointer[i]叫作该元素的下标引用法，*(a+i)和*(pointer+i)叫作该元素的指针引用法。

例 8-6　编写一个用指针引用法访问数组元素的程序。

源程序：

```
#include  <stdio.h>
int main(void)
{
    int  i, a[5]={5,6,7,8,9};   /* 声明一个 int 型数组并置以初值 */
    int  *pointer=NULL;      /* 声明一个 int 型指针变量并置成空指针 */
    float  b[3]={0,0,0}, *ptr=NULL;
    pointer=a;
    ptr=&b[2];
```

```
    for(i=0;i<5;i++){
        *(pointer+i)=i;       /* 当 pointer 指向 a 时，*(pointer+i) 等价于 a[i] */
        printf("%4d", *(a+i));  /* *(a+i) 也等价于 a[i]，输出 a[i]中的值 */
    }
    printf("\n");
    *ptr=5;  *(ptr-1)=6;  *(ptr-2)=7; /* 想一想，若 ptr 指向 b[2]，ptr-1 指向哪里？*/
    printf("%4.1f %4.1f %4.1f\n", b[0], b[1], b[2]);
    return 0;
}
```

程序运行结果：

```
输出：0         1         2         3         4
    7.0         6.0         5.0
```

例 8-7　使用指针计算数组元素个数和数组元素的存储单元数。

源程序：

```
#include  <stdio.h>
int main(void)
{
    double a[2], *pointer, *ptr;
    pointer=&a[0];
    ptr=pointer+1;
    printf("%d\n", ptr-pointer);
    printf("%d\n", (int)ptr-(int)pointer);
    return 0;
}
```

程序运行结果：

```
输出：1
    8
```

从程序中得知，ptr=pointer+1，ptr 指向了 pointer 所指向的下一个数组元素，所以 ptr 和 pointer 之间相差为 1。

程序中利用强制类型转换符(int)将 ptr 和 pointer 的地址值都转换为 int 类型数，(int)ptr 和 (int)pointer 之间的差值表示了两个指针存放的物理地址的差值，因为这是两个相邻的数组元素之间物理地址的差值，所以这个差值也反映了单个数组元素的字节数。从运行结果来看差值为 8，说明每个数组元素占用的字节数为 8，这和数组 a 为双精度型的定义是一致的。

从这个程序我们可以得知，当相同类型的两个指针都指向同一数组的两个数组元素时，这两个指针之间的差值表示它们之间数组元素的下标之差。结合前面的讨论，我们总结出：

在 C 语言里，可以对指针变量施加某些算术运算，但只局限于以下两点：

(1) 两个相同类型的指针相减；

(2) 指针变量加上或者减去一个整数。

除此之外其他的任何算术运算，如指针相乘、指针相除、指针加上或减去一个浮点数等都是非法的。

例 8-8　输入 5 个整数作为数组元素，计算并输出它们的和。

源程序：

```
#include  <stdio.h>
int main(void)
{
```

```
    int i, a[5], *pointer;
    long sum=0;
    printf("Enter 5 integers:\n");
    for(i=0; i<5; i++)
        scanf("%d", &a[i]);
    for(pointer=a; pointer<=a+4; pointer++)
        sum=sum+*pointer;
    printf("sum=%ld\n", sum);
    return 0;
}
```

程序运行结果：

输入：2 4 6 8 1

输出：sum=21

本程序中，当指针 pointer 指向数组 a 首地址后，p++就指向了下一个数组元素。这是利用指针运算来访问不同数组元素的例子。

使用指针变量引用数组元素需要注意以下几点：

（1）数组元素名 a 并不等同于 pointer，即便是 pointer 指向了 a。pointer++是正确的，因为 pointer 是一个变量；但 a++是非法的，因 a 是常量，不能自增。

（2）*p++等同于*(p++)，而不是(*p)++，这是因为一元运算符的右结合特性决定的。

（3）*(p++)与*(++p)不同。前者是引用指针所指向的数组元素的值，之后指针指向下一个数组元素；后者是先将指针指向下一个数组元素，再引用该数组元素的值。

（4）(*p)++表示 p 所指向的数组元素值自增 1。

8.3　利用被调函数对主调函数中的数组元素进行冒泡排序

8.3.1　指针变量作为函数参数

我们知道，函数参数是局部变量，函数参数的传递是值传递，所以被调函数对参数值的改变不会影响到主调函数中传递参数给被调函数的那个变量的值。但若将指针变量作为参数传递，传递过去一个地址值，则可以根据这个地址值来改变原来主调函数中该地址中的数据值，从而增加函数的作用范围。以下介绍指针变量作为函数参数如何实现以及它的适用范围。

若以指针变量作为函数的一个参数，则在定义和声明函数时对此参数进行指针式声明，如：

```
float fun(int *pointer_1,long *pointer_2);
```

声明了一个返回类型为 float 的函数 fun，它有两个指针参数，一个为 int 类型的指针参数，一个为 long 类型的指针参数。

例 8-9　编写一个程序，输入 n 个正整数将它们从小到大排序后输出。要求用冒泡（起泡）排序法。

源程序：

```
#include  <stdio.h>
void swap2(int *, int *);
```

```
void bubble(int a[], int n);
int main(void)
{
    int i, n, a[8];
    printf("Enter n(n<=8):");
    scanf("%d", &n);
    printf("Enter n numbers into a[%d]:",n);

    for(i=0; i<n; i++)
        scanf("%d", &a[i]);
    bubble(a, n);
    printf("After sorted, a[%d]=",n);
    for(i=0; i<n; i++)
        printf("%3d",a[i]);
    printf("\n");
        return 0;
}

void bubble(int a[], int n){
    int i, j;
    for(i=1; i<n; i++)
       for(j=0; j<n-i; j++)
          if(a[j]>a[j+1])
              swap2(&a[j], &a[j+1]);
}

void swap2(int *px, int *py){
    int t;
    t=*px;
    *px=*py;
    *py=t;
}
```

程序运行结果：

```
输入: 8
    2 5 3 1 7 9 4 6
输出: After sorted,a[8]= 1 2 3 4 5 6 7 9
```

冒泡排序法的算法思路在前面的章节中已介绍，这是一种比较古老的排序法，效率不高，但可以加以修改使效率得到一定程度的提高。试想，如果一趟比较下来连一次交换也没有，说明当前的数组元素已经是排好序的了，那就没必要再进行后面的排序操作了。基于此种考虑，将前面的冒泡排序程序修改如下：

```
void bubble(int a[], int n){
    int i, j, flag;
    for(i=1; i<n; i++){
        flag=0;
        for(j=0; j<n-i; j++)
            if(a[j]>a[j+1]){
                swap2(&a[j], &a[j+1]);
                flag=1;
            }
```

```
        if(flag==0)
            break;
    }
}
```

改进后的程序可加快冒泡程序的执行速度。

在本例题程序中我们主要关注的是函数 swap2()，该函数利用指针参数接收了主调函数传递过来的地址值，再利用这两个地址值修改主调函数中的两个变量的值。

大家想一想，如果函数 swap2()改成下面这样，能否实现上述功能：

```
void swap2(int x, int y){
    int t;
    t=x; x=y; y=t;
}
```

改写成下面这样的呢？

```
void swap2(int *px, int *py){
    int *p;
    t=px; px=py; py=t;
}
```

8.3.2　数组名作为函数参数

数组名是数组的首地址，当数组名作为函数参数来传递时，接收数组名的函数形参应该是一个相同类型的指针。利用数组名作参数可以在被调函数中处理主调函数中的各个数组元素。

例 8-10　输入五门课程的成绩，求平均值。

源程序：

```
#include  <stdio.h>
float aver(float *pm);

int main(void)
{
    float score[5], av, *sp;
    int i;
    sp=score;
    printf("\nPlease input 5 scores:\n");
    for(i=0; i<5; i++)
        scanf("%f", &score[i]);
    av=aver(sp);            /*利用数组名（存于 sp 之中）作参数调用 aver*/
    printf("The average score is %5.2f\n", av);
    return 0;
}

float aver(float  *pm)     /*接收数组名的形参必须定义成同类型的指针变量*/
{
    int i;
    float av, s=0;
    for(i=0; i<5; i++)
        s=s+*pm++;          /*一元运算符的右结合性，*pm++等同于 *(pm++)*/
    av=s/5;
```

```
    return av;
}
```

程序运行结果：

```
输入：67 76 89 94 100
输出：The average score is 85.20
```

在上述函数 aver()中计算成绩总和的语句，*pm++等同于 *(pm++)，这是因为一元运算符有右结合性。也就是说，多个一元运算符施加于一个数据对象上时，从排在最右边的开始逐个与数据对象结合，所以++与 pm 先结合。当然，虽然先结合，因为++是后缀增量运算符，反而后进行操作。*pm++的意思是按 pm 的值取出一个数组元素来，也就是*pm，累加之后再使 pm 增值 1。

千万不要将*pm++理解成(*pm)++，那样违反了一元运算符的右结合性，成了对数组元素（*pm）增值了，就完全错了。

例 8-11 编写程序，通过函数给数组输入若干大于等于 0 的整数，用负数作为输入结束标志，调用函数输出该数组中的数据。

源程序：

```
#include  <stdio.h>
#define  M  100
void arrout(int *, int);
int arrin(int *);
int main(void)
{
    int s[M], k;
    k=arrin(s);
    arrout(s, k);
    return 0;
}

arrin(int *a)
{
    int i=0, x;
    printf("Please enter several integer numbers:\n");
    scanf("%d", &x);
    while(x>=0){
        *(a+i)=x;           /**(a+i)是数组元素 a[i]的指针引用法*/
        i++;
        scanf("%d", &x);
    }
    return i;               /*循环结束后函数返回时，i 恰好是输入数组元素的个数 */
}

void arrout(int *a, int n)
{
    int i;
    for(i=0; i<n; i++)
        printf(((i+1)%5==0)?"%4d\n":"%4d", *(a+i)); /*用条件表达式确定输出格式*/
```

```
    printf("\n");
}
```

程序运行结果：

```
输入：1 2 3 4 5 6 7 8 9 11 -2
输出：   1   2   3   4   5
         6   7   8   9  10
        11
```

两个用户自定义函数都接收了一个数组名参数，不用指针变量，直接用数组名以指针法访问各个数组元素。arrout 中语句

```
printf(((i+1)%5==0)?"%4d\n":"%4d", *(a+i));
```

利用了一个条件表达式做到每输出五个数组元素就多输出一个'\n'符号（回车换行）。

8.4　字符串和字符指针

在 C 语言中，没有专门的字符串变量类型，不能像 int 或 float 类型那样定义一个字符串变量，而是利用字符数组和字符指针的结合来使用字符串数据的。C 语言规定，字符串存放在字符数组里，字符数组名就是该字符串的首地址。如用一个字符型指针存放该字符数组名，则该指针就指向了这个字符串，所以除了字符数组名外，也可以用字符指针来处理字符串。

8.4.1　字符串常量的值

C 语言中没有字符串变量，所以把字符串常量存放于字符数组中，末尾加上字符串结束符，以这样的字符数组替代字符串变量的功能。但利用字符指针和字符串常量的值，我们还有另外的字符串处理方法。先看看以下语句的对比：

C 语言中，语句：

```
char *sptr="language";
printf("%s", sptr);
```

与

```
char a[]="language";
printf("%s", a);
```

输出结果相同。

后者是我们熟悉的字符数组处理字符串的方式，而前者则是我们这节内容需要掌握的字符指针处理字符串的方式。语句

```
char *sptr="language";
```

声明了一个字符型指针 sptr，并初始化为指向一个字符串"language"。这个字符串"language"存放于内存中一个不知名（或者说就没有名字）的字符数组之中，与下面字符数组 a[]中相同内容的字符串"language"根本不是一回事，不存放在一个地方。

用字符指针来处理字符串常量有许多优点，比如，字符串常量的值可以赋值给一个字符指针，因为字符指针是一个变量。这样我们就能够以处理普通数据那样的方式来处理字符串。但字符数组名则无此能力，因为数组名是常量。如：sptr= "Good morning! "; 合法。但 a[]="language"; 或者 a="language"; 则是非法的。

8.4.2 使用字符指针处理字符串的程序举例

例 8-12 编写一个通过指针变量来引用字符串的程序。

源程序：

```
#include  <stdio.h>
int main(void)
{
    char *p="First";
    puts(p);            /*等价于 printf("%s\n", p);*/
    p="Second";
    for(;*p!='\0';p++)
        putchar(*p);  /*该语句等价于 printf("%c", *p);*/
    printf("\n");
    return 0;
}
```

程序运行结果：

```
输出: First
      Second
```

该程序先声明了一个字符型指针 p 并令其指向一个字符串"First"，用函数 puts()将其输出。之后再为该字符指针指定另一个字符串"Second"，循环地用函数 putchar()将字符串中的所有字符一一输出。循环地用函数 putchar()输出字符串与 puts()不同，末尾少一个'\n'，故此再在后面补写一条 printf 语句输出换行符。需要提醒的是，至此，原来字符串"First"的地址已经丢失，无法再次引用。

例 8-13 编写求字符串长度的程序（用指针变量处理）。

源程序：

```
#include  <stdio.h>
int main(void)
{
    char a[80], *p=NULL;
    p=a;
    gets(p); puts(p);
    while(*p!='\0') p++;
    printf("The string's length=%d\n", p-a);
    return 0;
}
```

程序运行结果：

```
输入: This is my string!
输出: This is my string!
The string's length =18
```

程序说明：本程序首先令字符指针指向字符数组 a 的第一个元素，然后移动指针直至指向字符串结束符'\0'，此时 p 与 a 的差值就是字符串的长度。while(*p!='\0')可以用 while(*p)来代替。

例 8-14 编写字符串复制的程序（用指针变量处理）。

源程序：

```
#include  <stdio.h>
int main(void)
```

```
{
    char a[50], b[80],*p=NULL,*q=NULL;
    p=a; q=b;
    printf("Input data, please:\n");
    gets(a);
    while(*p!='\0')
    {    *q=*p;  p++;  q++;  }
    *q='\0';
    puts(b);
    return 0;
}
```

程序运行结果：

```
输入: This is my string!
输出: This is my string!
```

程序说明：本程序先将 p 和 q 分别指向数组 a 和数组 b 的第一个元素，并将 p 所指向的元素赋值给 q 所指向的元素，之后再分别移动指针 p 和 q，直至到达字符串 a 的末尾。之后的*q='\0'是必需的，否则数组 b 中的内容不是一个字符串常量。

可以进一步简化 while 循环体的三条语句为：

```
*q++=*p++;
```

甚至整个 while 循环都可以简化为：

```
while(*q++=*p++);
```

而且此时连语句*q='\0';都可以省略了，即程序可以改成：

```
#include  <stdio.h>
int main(void)
{
    char a[50], b[80],*p=NULL,*q=NULL;
    p=a; q=b;
    printf("Input data, please:\n");
    gets(a);
    while(*q++=*p++);
    puts(b);
    return 0;
}
```

请感兴趣的同学思考为什么可以这样，并上机尝试。

例 8-15　为了防止信息的失窃，往往需要对信息进行加密处理。编写一个简单的加密文本的程序，加密方法如下：小写字母 z 变成 a，其他的小写字母都变成字母表中其后的相邻字母，用指针变量处理。（为求简化，只考虑小写字母的加密转换问题）

源程序：

```
#include <stdio.h>
#include <string.h>
#define MAXLINE 100
void encrypt(char *);
int main(void)
{
    char line[MAXLINE];
    printf("Input the string:\n");
    gets(line);
    encrypt(line);
```

```
    printf("The string after being encrypted:\n%s\n",line);
    return 0;
}
void encrypt(char *p)
{
    for( ; *p!='\0'; p++)
        if(*p=='z')
            *p='a';
        else
            *p=*p+1;
}
```

该程序将需要加密的文本存于字符数组 line 中，然后调用函数 encrypt()进行加密。涉及指针处理字符串功能的是函数 encrypt()，该函数的字符指针参数接收了字符数组 line 的首地址，然后移动指针逐一进行字符变换，达到加密的目的。

程序运行结果：

```
输入：This is my string!
输出：The string after being encrypted:
      Uijt!jt!nz!tusjoh
```

8.5 存储空间的动态分配与释放

8.5.1 动态分配存储空间的概念

在前面的程序中，系统总是在函数运行之前为函数中定义的变量、数组分配存储空间，存储空间长度在程序运行期间是固定不变的，这种存储空间分配方式称为静态分配方式。C 语言不允许使用动态数组，数组的长度必须是常量，例如：

```
int n;
scanf("%d",&n);
int a[n];
```

用变量作为数组长度，依据输入的 n 值的大小动态地定义数组，这是错误的。但是在实际编程中，经常会遇到无法预先确定输入数据多少的情况，如果数组长度定义小了会造成空间溢出，定义大了，又会浪费存储空间。为了提高内存空间的利用率，C 语言提供了一些内存管理函数，用来动态地分配存储空间，即需要的时候分配空间，不需要的时候就释放。存储空间的动态分配必须使用指针变量。

8.5.2 用于动态分配存储单元的函数

1. malloc()函数

函数调用的一般格式如下：

```
(类型标识符*)malloc(size)
```

其中：

（1）“(类型标识符*)”是强制类型转换。因为函数返回的指针是无类型的，用户必须根据存储空间的用途把函数调用返回的指针强制转换成相应的类型。

（2）“size”是一个无符号数，单位是字节。

malloc()函数的功能是在内存中动态地分配一个长度为 size 的连续空间，函数返回值是该区域的首地址。例如：

```
int *p;
p=(int *)malloc(10);
```

表示分配 10 个字节的存储空间，并强制转换成整型指针，将其首地址赋给 p，即可存储 5 个整型数，p 相当于指向了长度为 5 的整型数组。

由于不同的计算机系统中各种数据类型所占字节数可能有差异，所以一般“size”都是用 sizeof 运算符来计算。例如，为一个 float 型变量动态分配存储单元，用指针变量 f 指向该变量：

```
float *f;
f=(float *)malloc(sizeof(float));
```

若要为该变量赋值，需要通过指针变量 f 间接访问存储单元，如：

```
*f=5.8;
```

再如，为长度为 5 的整型数组动态分配存储空间，用指针变量 p 指向该存储区域：

```
int *p;
p=(int *)malloc(5*sizeof(int));
```

若要为该数组输入数据，需要通过指针变量 p 进行。如：

```
int i;
for(i=0;i<5;i++) scanf("%d",p+i);
```

2. calloc()函数

函数调用的一般格式如下：

```
(类型标识符*)calloc( n,size )
```

其中“n”为正整数。

calloc()函数的功能是在内存动态地分配 n 个长度为 size 的连续空间，函数返回值是该区域的首地址。

calloc()函数与 malloc()函数的区别在于：calloc()函数用两个参数，而 malloc()函数用一个参数。另外，calloc()函数会将分配的存储单元初始化为 0，而 malloc()函数不会，也就是说 malloc()函数分配的存储单元是随机的，不确定的。如：

```
p=(int *)calloc(5,sizeof(int));
q=(int *)malloc(5*sizeof(int));
```

两个语句分配的存储单元个数相同。

3. free()函数

函数调用的一般格式如下：

```
free(指针变量名);
```

其功能是释放由指针变量指向的内存区域。

注意：用动态方式定义的变量（或数组）没有变量名，需要通过指向该存储区域的指针变量间接地访问。

例 8-16　编写求某门课程平均成绩的通用程序。

源程序：

```
#include <stdio.h>
float average(int *p,int n)
```

```
{   int i;
    float ave=0;
    for(i=0;i<n;i++)
      ave+=*(p+i);
    return ave/n;
}
void main()
{   int i,n,*p;
    printf("Input n : ");
    scanf("%d",&n);                          /*输入数据个数 n*/
    p=(int*)malloc(n*sizeof(int));          /*分配 n 个连续的整型存储单元*/
    printf("Input %d data : \n",n);
    for(i=0;i<n;i++)
      scanf("%d",p+i);
    printf("average=%.2f\n",average(p,n));
}
```

程序测试：

```
Input n : 5↙
Input 5 data :
80 90 80 70 80↙
average=80.00
```

习　　题

一、选择题

1. 对于类型相同的两个指针变量，不能进行的运算是（　　）。

　A. <　　B. =　　C. +　　D. –

2. 设有定义：

```
int n=0,*p,*q; p=&n;
```

则以下选项中正确的赋值语句是（　　）。

　A. p=1　　B. *q=2　　C. *p=1　　D. q=n

3. 若有以下定义：int a=511, *b=&a;，则 printf("%d\n",*b);的输出结果为（　　）。

　A. 无确定结果　　B. a 的地址

　C. 512　　D. 511

4. 若有定义：int *p[3];，则以下叙述中正确的是（　　）。

　A. 定义了一个类型为 int 的指针变量 p，该变量具有三个指针

　B. 定义了一个指针数组 p，该数组有三个元素，每个元素都是类型为 int 的指针

　C. 定义了一个名为*p 的整型数组，该数组含有三个 int 类型的元素

　D. 定义了一个可以指向一维数组的指针变量 p，所指一维数组应具有三个 int 类型的元素

5. 有以下程序

```
#include  <stdio.h>
int main(void)
```

```
{
    int a[]={10,20,30,40,50,60},*p=a;
    printf("%d %d\n", *p, *(p+3));
    return 0;
}
```

程序运行结果为（　　）。

A. 出错　　B. 10 14　　C. 10 40　　D. 10 50

6. 有以下程序

```
#include  <stdio.h>
int main(void)
{
    int a[]={1,2,3,4,5,6,7,8,9,10,11,12}, b;
    int *p=a+5, *q=&b;
    *q=*(p+5);
    printf("%d %d\n", *p, *q);
    return 0;
}
```

程序运行结果为（　　）。

A. 出错　　B. 6 6　　C. 6 11　　D. 5 10

7. 有以下程序

```
#include  <stdio.h>
void sum(int *a)
{
    a[0]=a[1];
}
int main(void)
{
    int aa[10]={1,2,3,4,5,6,7,8,9,10};
    int i=2;
    for(i=2;i>=0;i--)
        sum(&aa[i]);
    printf("%d\n", aa[0]);
    return 0;
}
```

程序运行结果为（　　）。

A. 4　　B. 3　　C. 2　　D. 1

8. 若x是整型变量，pb是指向类型为整型的指针变量，则正确的赋值表达式是（　　）。

A. pb=&x　　B. pb=x;

C. *pb=&x;　　D. *pb=*x

9. 若有以下定义和语句：double r=99, *p=&r; *p=r;，则以下正确的叙述是（　　）。

A. 两处的*p含义相同，都说明给指针变量p赋值

B. 在double r=99，*p=&r;中，把r的地址赋值给了p所指的存储单元

C. 语句*p=r;把变量r的值赋给指针变量p

D. 语句*p=r;取变量r的值放回r中

10. 设 p1 和 p2 是指向同一个 int 型一维数组的指针变量，k 为 int 型变量，则不能正确执行的语句是（   ）。

A. k=*p1+*p2;　　B. p2=k;　　C. p1=p2;　　D. k=*p1 * (*p2);

二、编程题

1. 请编写程序，判断用户从键盘输入的两个 double 型数据（非 0）是否具有相同的符号。要求：所有操作必须通过指针实现。

2. 请编写程序，用移动指针的方法将用户从键盘输入的若干字符（用 EOF 结束输入）存放在数组 w 中，找出数组中具有最大 ASCII 码值的字符，输出该字符及其 ASCII 码。要求：程序中所有操作（输入、查找及输出）都必须通过指针来实现。

3. 请编写程序，运行程序时随机产生一道算术题，题目中只包含两个运算数和一个运算符（加、减、乘、除），当用户输入计算结果后，程序给出“正确”或“错误”的相应信息。要求：程序中所有操作都必须通过指针来实现。

第9章 结构体、共用体和枚举类型

在工程实践当中，经常会遇到数据与数据之间有着复杂但固定的联系的情况，适宜综合考虑。C 语言中的结构体、共用体和枚举类型等数据结构就是用来处理这样的工程应用的。本章讲述结构体、共用体和枚举类型方面的内容。

9.1 按价格排序输出一组待售汽车的信息

9.1.1 程序解析

例 9-1 编写程序，用来记录一组待售汽车的信息，这些信息有品牌、型号、颜色和售价。从键盘上输入这些信息，之后再将全部汽车信息按价格从高到低的顺序显示出来。

源程序：

```
#include <stdio.h>
#define  N   5
struct   car
{   char name[15];
    char type[15];
    char color[10];
    long  price;  };
int main(void)
{   struct car x[N],t;
    int  i,j,k;
    printf("Input data:\n");
    for(i=0;i<N;i++)
    {   scanf("%s",x[i].name);
        scanf("%s",x[i].type);
        scanf("%s",x[i].color);
        scanf("%ld",&x[i].price);
    }
   for(i=0;i<N-1;i++)
     { k=i;
       for(j=i+1;j<N;j++)
          if(x[k].price<x[j].price)  k=j;
       t=x[k];x[k]=x[i];x[i]=t;
    }
```

```
    printf("Output the sorted result:\n");
    for(i=0;i<N;i++)
        printf("%-15s%-15s%-10s%-10ld\n", x[i].name, x[i].type, x[i].color,
x[i].price);
    return 0;
}
```

程序运行结果：

```
输入：
polo        4l        red         150000
polo        6l        blue        160000
buick       4l        black       135000
bmw         6x        gray        850000
audi        4l        white       120000
输出：
bmw         6x        gray        850000
polo        6l        blue        160000
polo        4l        red         150000
buick       4l        black       135000
audi        4l        white       120000
```

9.1.2 结构体类型的概念和定义

在工程实践中，描述同一事物的相关数据往往具有不同的类型。例如，一个产品的出厂日期，会涉及年、月、日等信息；一个职工的概况，会有姓名、年龄、工号、薪金等级等；一台收音机的性能指标，会有灵敏度、信噪比、频率范围、耗电量、价格等。这些相关数据因为往往类型不同，无法用前面学过的数组结构来表示；若用多个单独的变量来分别表示，也不适宜，因为这样会使程序的编写和阅读变得十分繁杂，也难以体现出这些相关数据之间的内在联系。C 语言为了解决此类问题，创造了新的数据结构，把这些不同类型的数据组合在一个整体中，统一地进行处理。

在例 9-1 这段程序中，出现了我们从没有见过的一种语法结构，struct car，它的用处是将所有汽车的共同属性，如名称、型号、颜色和价格等信息组合在一起，形成一种新的数据结构类型，以突出这些信息之间的联系。这样把一组固定的不同类型的数据作为一个整体来对待的数据结构，叫作结构体类型，简称结构体。结构体由若干个数据对象（称为“成员”）构成，每个成员可以是一个基本数据类型（int, float 等），可以是一个数组，可以是一个指针，甚至还可以是另外一个结构体类型等构造类的数据结构。由于在实际应用中所面临的此类数据组合多种多样，C 语言允许用户自己根据需要构造出特定的结构体类型。每当用户要使用某种结构体类型的时候，就先定义这个结构体类型，然后用定义好了的类型去声明一个结构体变量（这样的结构体变量又称结构体类型的实例），而这个结构体变量就可以存有一组特定的数据组合。这有点像使用自定义函数，需要先定义一个用户函数然后再调用，从而实现某种特定的函数功能。

定义一个结构体的一般形式为：

```
struct 结构体类型名
{
```

```
    类型名 1    成员名 1;
    类型名 2    成员名 2;
    …
    类型名 n    成员名 n;
};
```

结构体类型的定义必须由 struct 开头，struct 是英文 structure（即结构体）的缩写，是定义结构体类型的关键字；“结构体类型名”是用户自定义的某种结构体类型的专有名称，需符合 C 语言标识符构成的规定。大括号中定义了该结构体类型中的所有成员（也可称之为“域”）以及它们的类型。前面说了，这些成员可以是简单变量、数组或指针变量，也可以是另外的结构体一类的构造类型变量，每一个成员的定义后以“;”结束。需要注意的是，大括号后面的“;”不能漏掉。一旦定义了这个结构体类型，其中的成员类型、名称和数目也就随之固定。

举例：定义一个名为 stu 的结构体类型，其成员有学号、姓名、性别和某科的成绩等。

```
struct stu
{
    int   num;
    char name[20];
    char gender;
    float score;
};
```

在这个结构体定义中，结构体名称为 stu，四个成员中 num 用来记录学生的学号，数组 name 用来记录学生的姓名，用一个字符变量 gender 来记录该学生的性别，最后一个变量 score 记录学生的某科成绩。定义了这样一个 stu 的结构体以后，就可以用这个结构体类型来定义其他的结构体类型变量，每个 stu 类型的结构体变量都有类型相同的四个成员，用来记录各个学生的相关信息。

9.1.3　结构体类型变量的定义

在定义了一个结构体类型以后，就可以像使用简单变量类型一样来使用该类型，也就是说，用结构体类型来定义结构体变量。

在 C 语言中，定义结构体变量有三种方式，分别介绍如下。

1. 单独定义

单独定义是指单独定义结构体类型，之后再用这种类型定义结构体变量。如：

```
struct stu
{
    int num;
    char name[20];
    char gender;
    float score;
};
struct stu student1,student2;
```

上述程序段中前 7 行，是定义了一个名为 stu 的结构体类型，而最后一条语句，就是利用前面定义了的结构体类型 stu 定义两个结构体变量 student1 和 student2，使得这两个变量都成为具有 stu 结构体类型的、占有内存空间的数据对象。注意，用自定义的结构体类型定义变量时，关键字 struct 不能省略，因为 struct 和 stu 结合起来才表示一种结构体类型。

为了简化书写，也可以宏定义一个符号常量来表示一个结构体类型，例如：

```
#define STU struct stu
STU
{
    int num;
    char name[20];
    char gender;
    float score;
};
STU student1,student2;
```

这在一定程度上可以简化程序的书写。

2. 混合定义

混合定义是指在定义结构体类型的同时定义结构体变量。这种定义方式的一般形式为：

```
struct 结构体类型名
{
    类型名1   成员名1;
    类型名2   成员名2;
    …
    类型名n   成员名n;
}结构体变量名表列;
```

例如：

```
struct stu
{
    int num;
    char name[20];
    char gender;
    float score;
}student1,student2;
```

这种方式和单独定义一样，都是既定义了结构体类型 stu，又定义了该类型的结构体变量 student1 和 student2。

3. 无类型名定义

无类型名定义方式是指在定义结构体变量时省略结构体类型名，直接定义结构体变量。其一般形式为：

```
struct
{
    类型名1   成员名1;
    类型名2   成员名2;
    …
    类型名n   成员名n;
}结构体变量名表列;
```

例如：

```
struct
{
```

```
    int num;
    char name[20];
    char gender;
    float score;
}student1, student2;
```

这种方式是在方式 2 的基础上省去了结构名，直接用结构体类型定义了结构体变量。由于没有给出结构体类型名，无法在以后的程序段中再定义该种类型的结构体变量，此种方式适用于结构体变量仅定义一次的场合，一般情况下还是用前两种方式较为合适。

无论以上哪种方式，定义的 student1，student2 变量都具有图 9.1 所示的结构。

num	name	gender	score

图 9.1　stu 类型的结构

当然这种结构只有逻辑上的意义，在内存中排列的相对位置有可能和图示是不一样的，也就是说这些成员可能不是排列在连续的内存单元中。

在上述 stu 结构定义中，所有的成员都是基本数据类型或数组类型。其实结构体成员也可以是另外一个结构体，这样就构成了结构体的嵌套。如图 9.2 所示就是具有嵌套结构的结构体。

num	name	gender	birthday			score
			month	day	year	

图 9.2　嵌套的结构体

例 9-2　按图 9.2 可给出以下结构定义。

源程序：

```
struct date
{
    char month[10];
    int day;
    int year;
}
struct
{
    int num;
    char name[20];
    char gender;
    struct date birthday;
    float score;
}student1,student2;
```

首先定义一个结构体 date，由 month（月）、day（日）、year（年）三个成员组成。在定义并说明变量 student1 和 student2 时，其中的成员 birthday 被定义为 date 结构体类型。这也就是所谓的嵌套型结构体类型和变量。

结构体中的成员名可与程序中其他变量同名，互不干扰，因为它们的引用方法是不一样的，不会造成歧义。

9.1.4 结构体类型变量的使用

1. 结构体变量成员的引用

在定义了结构体变量之后，如定义了 student1、student2 后，即可对这些变量中的各个成员进行赋值和引用。使用结构体变量实际上就是使用该变量中的各个成员。引用结构体成员的书写形式比较特殊，它的一般形式是：

结构体变量名.成员名

结构体变量名和成员名中间的“.”叫作结构体成员运算符，它表示了该成员的隶属关系。例如，student1.num 即第一个学生的学号，student2.gender 即第二个学生的性别，等等。如果有这样的语句

```
student1.num=123;
student1.gender='M';
```

就为第一个学生（student1）的学号和性别分别赋值 123 和男性。结构体成员运算符在所有运算符中具有最高的运算优先级。

例 9-3 定义一个结构体类型 struct personal，该结构体类型里包含职工姓名、参加工作日期和月薪等成员。利用这个结构体类型编一个程序，能在键盘上输入某个职工的信息并在显示器上将输入的结果显示出来。

源程序：

```
#include <stdio.h>
#define format "%s %d %s %d %f"
struct personal
{
    char()   name[20];
    int()    day;
    char()   month[10];
    int()    year;
    float()  salary;
}
int main(void)
{
    struct personal person;
    printf("Input values, please:\n");
    scanf(format, person.name, &person.day, person.month, &person.year,
&person.salary);
    printf(format"\n", person.name, person.day, person.month, person.year,
person.salary);
    return 0;
}
```

程序运行结果：

```
输入:    Zhanglaosan
20
July
2008
4500
输出:    Zhanglaosan, 20, July, 2008, 4500.000000
```

如果某个结构体成员是另一个结构体，则必须逐级找到最低级的成员才能使用。例如：student1.birthday.month 即是说 student1 中的成员 birthday 又是一个结构体，而这个结构体中的 month 才是可以访问的最低成员。最低级的成员可以单独使用，与普通的变量等数据对象使用起来无异。

2. 结构体变量的初始化和整体赋值

结构体变量的存储类型可以有自动的、全局的和静态的（但没有寄存器类型），根据 ANSI C 的标准可以为它们作初始化赋值。其形式如下：

```
struct 结构体类型名
{
    类型名1   成员名1;
    类型名2   成员名2;
    …
    类型名n   成员名n;
}结构体变量名={初始化数据表列};
```

如果前面已经定义过结构体类型，亦可以用以下方式初始化：

```
struct 结构体类型名 结构体变量名={初始化数据表列};
```

注意，{初始化数据表列}中必须包含该变量中所有成员的初始化数值，缺一不可；初始化数值必须按定义该结构体时各成员的次序来写，不能有任何颠倒；初始化数据表列中的各个数值由逗号隔开；在第一种形式中，若有多个结构体变量进行初始化，那么必须分别写出其初始化表列，各个结构体变量初始化之间用逗号隔开，且最后一个初始化表列之后必须要有语句结束符“;”。

如果两个结构体变量具有相同的类型，则允许将一个结构体的值直接赋给另一个结构体变量。赋值时，将赋值符号右边的结构体变量中的每一个成员的值都赋给了左边结构体变量中相应的成员。

例如，语句

```
student2=student1;
```

与下列语句等效：

```
student2.num=student1.num;
srycpy(student2.name, student1.name);
student2.gender=student1.gender;
student2.score=student1.score;
```

注意，只有相同结构体类型之间才可以直接赋值。这是结构体中唯一的整体操作方式，其他操作，如输入、输出、赋值、运算等必须通过引用结构体变量的成员进行相应的操作。

例 9-4　结构体变量的初始化和整体赋值实例。

源程序：

```
#include <stdio.h>
struct stu
{
    int num;
    char *name;
    char gender;
    float score;
} student2,student1={102,"Zhang ping",'M',78.5};
```

```
int main(void)
{
    student2=student1;
    printf("Number=%d\nName=%s\n",student2.num, student2.name);
    printf("Gender=%c\nScore=%f\n",student2.gender, student2.score);
    return 0;
}
```

程序运行结果：

```
输出：Number=102
     Name=Zhang ping
     Gender=M
     Score=78.500000
```

本例中，student2，student1 均被定义为外部结构体变量，并对 student1 作了初始化赋值。在 main()函数中，把 student1 的值整体赋予 student2，然后用两个 printf()语句输出 student2 各成员的值。

9.1.5 结构体变量作为函数参数

把结构体传递给函数有三种情况：传递某个结构体成员，传递整个结构体以及传递指向结构体的指针。前两种情况是值传递，所以被调函数无法修改主调函数中的结构体成员。传递指向结构体的指针就可以实现在被调函数中修改主调函数中结构体的目的。在处理有关结构体数据时，地址传递的方法比值传递的方法效率要高，因为值传递需要在被调函数中复制整个结构体，资源浪费比较大。

1. 传递某个结构体成员给函数

传递结构体成员给函数就是把结构体成员作为函数实参，那么函数的形参类型应该和需要传递的结构体成员的数据类型一致。

例 9-5 利用前面定义的结构体类型 struct stu，编程将某个特定的学生信息输出。

源程序：

```
#include <stdio.h>
#define format "ID number: %d, name: %s, gender: %c, score: %3.1f\n"
struct stu
{
    int num;
    char name[20];
    char gender;
    float score;
};
void outputinfo( int num, char *p, char gender, float score)
{
    printf(format, num, p,gender, score);
    printf("\n");
}

int main(void)
{
    struct stu    student={1001, "ZhangSan", 'M', 78.0};
    outputinfo(student.num, student.name,student.gender, student.score);
    return 0;
}
```

程序运行结果：

输出：ID number: 1001, name: ZhangSan, gender: M, score: 78.0

本例题把结构体成员作为函数 outputinfo()的参数，并将这些成员内容输出。其中，把字符数组名 student.name 传递给字符指针参数 p，引导字符串的输出。请注意，在函数 outputinfo() 中没有用到结构体类型数据（只有结构体变量成员，这相当于普通变量或指针），所以只需在主函数前面定义结构体类型即可。

讨论题：如果将 student.num 的地址作为实参，程序该怎样修改？

2. 传递结构体变量给函数

传递结构体变量给函数就是把整个结构体变量作为函数实参，函数的形参也应该是相同的结构体类型，调用的时候实参直接写结构体变量名即可。

例 9-6　把上述例题修改如下：

源程序：

```
#include <stdio.h>
#define format "ID number: %d, name: %s, gender: %c, score: %3.1f\n"
struct stu
{
    int num;
    char name[20];
    char gender;
    float score;
};
void outputinfo( struct stu studentA)
{
    printf(format, studentA.num, studentA.name, studentA.gender, studentA. score);
    printf("\n");
}

int main(void)
{
    struct stu   student={1005, "ZhangSan", 'M', 78.5};
    outputinfo(student);
    return 0;
}
```

程序运行结果：

输出：ID number: 1005, name: ZhangSan, gender: M, score: 78.5

注意看 outputinfo()函数中的形参和实参的使用方法。

3. 传递指向结构体变量的指针（或地址）给函数

就是以指向结构体变量的指针作为函数的形参和实参。

例 9-7　仍然把前面讲过的例子修改成以结构体变量地址为函数参数。

源程序：

```
#include <stdio.h>
#define format "ID number: %d, name: %s, gender: %c, score: %3.1f\n"
struct stu
{
```

```
    int num;
    char name[20];
    char gender;
    float score;
    };
void outputinfo( struct stu *p)
{
    printf(format, p->num, p->name, p->gender, p->score);
    printf("\n");
}

int main(void)
{
    struct stu *pointer;
    struct stu   student={1005, "ZhangSan", 'M', 78.5};
    pointer=&student;
    outputinfo(pointer);
    return 0;
}
```

程序运行结果：

输出: ID number: 1005, name: ZhangSan, gender: M, score: 78.5

在该程序中，函数 outputinfo()的形参是一个指向 struct stu 类型结构体的指针，调用时也要用一个指向 student 结构体变量的指针来作为其实参。当然，也可以直接用&student，即 student 的地址作为实参来调用。

第三种方法比前两种方法要好，因为前两种方法参数传递多数为值传递，需要复制相关的变量，浪费系统资源，而这里是地址传递，效率高，资源占用少。

在函数 outputinfo()中，我们看到一种新的运算符号“->”，为指向结构体成员运算符（简称指向运算符）。C 语言规定，“结构体指针变量名->成员名”表示对所指向的结构体变量某成员的引用。

综上所述，引用一个结构体变量的成员有以下三种方法：

（1）结构体变量名.成员名。

（2）(*结构体指针变量名).成员名。

（3）结构体指针变量名->成员名。

例如，当 struct stu 类型的指针 pointer 指向了结构体变量 student 时，则 student.num、(*pointer).num 和 pointer->num 完全等价。

要特别指出的是，(*pointer).num 中的括号不能省，因为“.”的优先级要高于“*”，省略括号后，*pointer.num 成了 pointer 的 num 成员所指向的内容，那意思就完全错误了。

9.2 编写一个书籍管理程序，显示所有书籍信息

9.2.1 程序解析

例 9-8　编写一个简单的书籍管理程序，最多可以输入 100 本书，每本书要求有书名、作者和价格三个属性，输入后将所有书籍的信息显示出来。

源程序：

```
#include <stdio.h>
#define MAXTITL   40
#define MAXAUTL   40
#define MAXBKS   100                        /*最大书籍管理数量*/

struct book {                               /*定义一个名为book的结构体类型*/
   char title[MAXTITL];
   char author[MAXAUTL];
   float value;
};

int main(void)
{
   struct book library[MAXBKS];     /*声明了一个存放书籍信息的结构体数组*/
   int count=0;
   int index;

   printf("Please enter the book title.\n");
   printf("Press [enter] at the start of a line to stop.\n");
   while (count<MAXBKS&&gets(library[count].title)!=NULL
                           &&library[count].title[0]!='\0')
   {
      printf("Now enter the author.\n");
      gets(library[count].author);
      printf("Now enter the value.\n");
      scanf("%f", &library[count++].value);
      while(getchar()!='\n')
         continue;          /*如果在输入书籍价格后没有按enter键，就返回来继续等待输
入enter健*/
      if(count<MAXBKS)
         printf("Enter the next title.\n");
   }
 /*以下将输入的书籍信息显示出来*/
   if(count>0)
   {
      printf("Here is the list of your books:\n");
      for(index=0; index<count; index++)
      printf("%s by %s: $%.2f\n", library[index].title,
         library[index].author, library[index].value);
   }
   else
      printf("No books? Too bad, game is over!.\n");

   return 0;
 }
```

运行该程序，会逐一提示输入书籍的 title、author 和 value 等信息，待到在要求输入 title 时直接按【Enter】键，将结束输入书籍信息并将刚才输入的各个书籍信息显示出来。

9.2.2　结构体数组

该程序中出现了一种新的数据结构：

```
struct book library[MAXBKS];
```

这种结构称之为结构体数组。一个结构体变量里可以存放一组数据，如一个 struct stu 类型的变量可以存放一个学生的学号、姓名、性别和成绩等信息。但如果想存放一批学生的信息，就需要将相同结构的结构体变量扩展成数组，这种数组称为结构体数组。

结构体数组是结构体概念和数组概念的结合，它与普通数组的不同在于其每一个数组元素都是一个结构体类型的数据，而且只要在一个结构体数组中，这个结构体类型是相同的，具有相同的各个成员项。在实际应用中，经常用结构体数组来表示具有相同数据结构的一个群体。如一个班的学生档案、一个车间职工的工资表等。

结构体数组的定义方法是结构体变量定义方法的扩展，只需将原来的结构体变量名说明为数组类型即可。例如：

```
struct stu
{
    int num;
    char *name;
    char gender;
    float score;
}student[5];
```

就定义了一个结构体数组 student，它共有 5 个元素，student[0] ~ student[4]。每个数组元素都具有 struct stu 的结构形式。对结构体数组还可以在定义的时候将其初始化，格式与二维数组初始化的方法类似。例如：

```
struct stu
{
    int num;
    char name[20];
    char gender;
    float score;
}student[5]={
    {101,"Li ping",'M',45},
    {102,"Zhang ping",'M',62.5},
    {103,"He fang",'F',92.5},
    {104,"Cheng ling",'F',87},
    {105,"Wang ming",'M',58};
}
```

当对全部元素都进行初始化赋值时，也可以不给出数组长度。

由于数组中所有的元素都具有相同的结构体类型，所以数组元素之间可以直接赋值，例如：

```
student[1]=student[2];
```

9.2.3 结构体数组的应用实例

例 9-9 输入并保存 N 个学生的信息，计算这些学生的平均成绩并将其输出，之后再将这些学生的分数按从高到低的顺序显示出来。

源程序：

```
#include <stdio.h>
#define format "%d %s %d"    /* 为结构体变量各成员的格式说明符做一个宏定义，
以简化 scanf 和 printf 里面的格式说明 */
#define N  5            /* N 是准备输入的学生数目 */
```

```
struct stu
{
    int num;
    char name[20];
    int score;
};
struct stu student[N];   /*定义了记录N个学生信息的结构体数组*/

int main(void)
{
    int i, j, index,sum=0;
    struct stu temp;      /*temp是用来暂存结构体数组元素的工作变量*/
    printf("\nPlease input a student's number, name and score.\n");
            /*以下输入N个学生的信息，同时累加学生的成绩*/
    for(i=0; i<N; i++){
        printf("\nNo %d:  ", i+1); /*提示输入第i个同学的信息*/
        scanf(format, &student[i].num, student[i].name, &student[i].score);
        sum=sum+student[i].score;
    }
    /*以下将按照分数高低从低到高排序，使用选择排序法*/
    for(i=0; i<N-1; ++i){
        index=i;
        for (j=i+1; j<N; j++)
            if(student[j].score<student[index].score)
                index=j;
        temp=student[index];  /*交换结构体数组元素*/
        student[index]=student[i];
        student[i]=temp;
    }
    /*以下输出平均成绩并按排好的顺序输出学生信息*/
    printf("The average : %d\n\n", sum/N);
    printf("The student's score: \n");
    for(i=N-1; i>=0; i--){
        printf(format, student[i].num, student[i].name, student[i].score);
        printf("\n");
    }
    return 0;
}
```

程序运行结果：

输入：

```
Please input a student's number, name and score
No 1: 1 张三 78
No 2: 2 李四 89
No 3: 3 王五 67
No 4: 4 赵六 98
No 5: 5 刘七 82
```

```
输出:
The average : 82
The student's score:
4 赵六 98
2 李四 89
5 刘七 82
1 张三 78
3 王五 67
```

9.3 共 用 体

9.3.1 程序解析

前面讨论的结构体是由若干个不同数据类型的成员组成的一种构造型数据类型，它的每一个成员都要占据一定的内存空间，这样对于那些成员数据不会同时出现的结构体来说就显得浪费内存了。为此，C 语言本着节省内存空间的目的，提供了另外一种称为共用体的数据类型。

共用体类型（union）也是一种构造型的数据类型，它可以将不同的数据项组织成一个整体，这些数据项分时地占用内存中同一段存储单元，从而达到了既有多个不同类型数据构成，又不占用多个数据空间的目的。

例 9-10

源程序：

```
#include <stdio.h>
union data          /*  定义共用体 data  */
{
    int a;
    float b;
    double c;
    char d;
    }mm;
struct stud         /*  定义结构体 stud  */
{
    int a;
    float b;
    double c;
    char d;
};
int main(void)
{
    struct stud student;
    printf("Structure size: %d, union: %d\n", sizeof(struct stud),sizeof(union
data));
    printf("Structure size: %d, union: %d\n", sizeof(student),sizeof(mm));
    return 0;
}
```

程序运行结果：

```
输出: Structure size: 24, union: 8
```

9.3.2　共用体类型的定义

共用体类型的定义形式与结构体类型的定义形式十分相似，只需把结构体定义中的 struct 改为 union 即可。共用体变量和共用体数组的定义形式也与结构体变量和结构体数组的定义形式相似。共用体类型的一般定义形式为：

```
union 共用体名
{
    成员表列
};
```

同样不能忽略右大括号外面的“;”。

例如，定义一个名为 data 的共用体类型，有不同类型的成员 a、b、c、d，其形式如下：

```
union data
{
    int a ;
    float b;
    double c;
    char d ;
};
```

共用体数据类型与结构体在形式上非常相似，但其表示的含义及存储是完全不同的。

程序的输出说明结构体类型或结构体变量所占的内存空间为其各成员所占存储空间之和。而类似结构体的共用体类型或共用体变量实际占用存储空间为其最长的成员所占的存储空间。如图 9.3 所示。

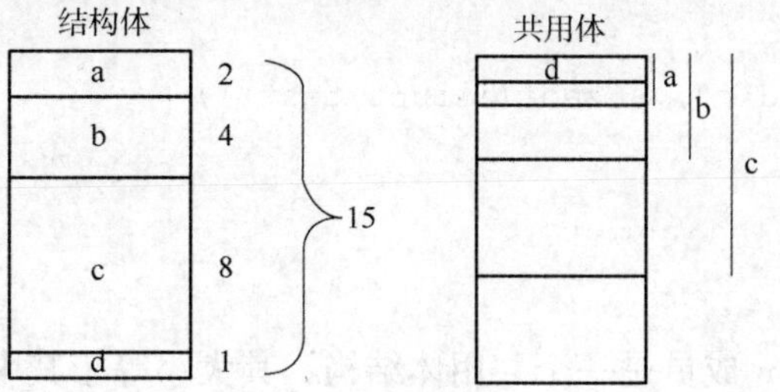

图 9.3　共用体类型与结构体类型占用存储空间的比较

对共用体成员的引用与结构体成员的引用完全相同。但由于共用体各成员共用同一段内存空间，使用时，只能根据需要使用其中的某一个成员。图 9.3 中特别说明了共用体的特点，方便程序设计人员在同一内存区对不同数据类型的交替使用，增加灵活性，节省内存。

9.3.3　共用体变量的定义

共用体变量的定义方法与结构体变量的定义方法基本一致，在此不再赘述，但要注意以下几点不同：

（1）共用体变量定义的时候只能用第一个成员类型的值进行初始化，而不能用其他成员类型进行初始化，更不能整体地初始化。比如有如下的共用体定义：

```
union item
{
    int m;
```

```
    float x;
    char c;
}
```

那么，当定义同类型的共用体变量时，

```
union item abc={100};
```

是正确的，而

```
union item abc={100.75};
```

就是错误的。并且

```
union item abc={100, 10.75, 'a'};
```

也是错误的。

即是说，只能按第一个成员类型来赋初值，且只能赋一个成员的初值。

（2）结构体中的每个成员分别占有独立的存储空间，而共用体变量中的成员共享一段公共存储区，这个公共存储区要恰好能放下共用体变量中空间最大的那个成员，也就是说共用体变量的大小与其成员中最大的那个相等。例如，如有下面的程序段：

例 9-11

源程序：

```
#include <stdio.h>
struct test
{
    int a; char s; float f;
    union item{ char m[7]; int u[3];}temp;
};
int main(void)
{
    printf("size=%d\n", sizeof(struct test));
    return 0;
}
```

程序运行结果：

```
size=24
```

这是因为，test 的 item 成员是一个共用体结构，其大小等于其中最大的那个成员，即整数数组 u，占用内存 12 字节，而字符数组 m 是 7 字节，占用内存 8 字节（因为在 VC 中的数据字节对齐的缘故）。再加上 test 中其他成员的大小，a 占用 4 字节，s 占用 4 字节（字节对齐），f 也占用 4 字节，所以正好 24 字节。

（3）由于共用体变量中的所有成员共享存储空间，因此变量中的所有成员的首地址相同，而且变量的地址也就是该变量成员的地址。

9.3.4 共用体变量的引用

仅仅定义了共用体类型，计算机并没有给共用体分配内存空间。只有定义了共用体变量，系统才会分配相应的内存空间，从而可以引用这些变量成员。引用共用体变量的成员，其用法与结构体的相应操作完全相同。若定义共用体类型为：

```
union data  /*共用体* /
{
    int a;
    float b;
```

```
    double c;
    char d;
} mm ;
```

其成员引用为：mm.a，mm.b，mm.c，mm.d。

但要注意的是，不能同时引用四个成员，在某一时刻，只能使用其中之一的成员。

例 9-12　对共用体变量的使用。

源程序：

```
#include <stdio.h>
int main(void)
{   union data
    {    int a;
        float b;
        double c;
        char d;
    } mm;
    mm.a=6;
    printf("%d\n",mm.a);
    mm.c=67.2 ;
    printf ( "%.1f\n", mm.c );
    mm.d='W';
    mm.b=34.2f;
    printf("%.1f, %c\n", mm.b, mm.d);
    return 0;
}
```

程序运行结果：

```
6
67.2
34.2,  ?
```

可以看到，mm.d 明明已经赋值为'W'，却输不出来。为什么呢？因为共用体变量 mm 只能存放一个成员的值，而且是最后一次被赋值的成员的值，当 mm.b 被赋值后，mm.d 中的值就被取代了，因而无法输出。

例 9-13　定义一个变量，既能存放一个整数，又能存放一个浮点数，但不能同时存放这两个数。很显然，应该定义为共用体变量，编写程序如下：

源程序：

```
union value
{
    int i_value;       /*声明一个 int 类型的成员 */
    float f_value;     /*声明一个 float 类型的成员*/
} data;
int i;                 /*声明一个外部 int 型变量 i */
float f;               /*声明一个外部 float 类型变量 */
int main(void)
{
    data.f_value=5.0;
    data.i_value=3;  /*成员 data.f_value 的值被 data.i_value 的值覆盖 */
    i=data.i_value;  /*这种赋值是合法的*/
    f=data.f_value;  /*这种赋值是非法的，会产生无法预知的后果 */
```

```
    data.f_value=5.5;    /*对 f_value 的赋值又覆盖了 i_value 的值 */
    i=data.i_value;      /*此时的赋值又是非法的了 */
    return 0;
}
```

共用体经常在信息通信中使用。假定要和一个远程设备进行通信，我们要给那个设备传递四个消息（message）：打开设备（open_msg），关闭设备（close_msg），从设备读信息（read_msg）和向设备写信息（write_msg）。open_msg 需要有设备的名称，write_msg 需要包含写入设备的数据及长度，read_msg 需要提供给设备所要接收的字符数，而 close_msg 则不需要更多的额外信息。因为这四种信息不会同时传递给设备，所以可以用一个共用体来包含这四种消息数据。程序的数据定义部分如下：

例 9-14

源程序：

```
#define DATA_MAX 1024   /*DATA_MAX 为一次读或写的最大字符数*/
struct open_msg{
    char name[30];      /*name 存放设备名*/
};
struct read_msg{
    int length;         /*在读操作中所要接收的字符数*/
};
struct write_msg{
    int length;         /*需要写入设备的数据长度（字符数）*/
    char data[DATA_MAX]; /*data 数组中存放准备写入设备的数据*/
};
struct close_msg{
};
/*以下为 4 种消息设定识别代码 */
const int OPEN_CODE=0;   /*Code indicating an open message*/
const int READ_CODE=1;   /*Code indicating a read message*/
const int WRITE_CODE=2;  /*Code indicating a write message*/
const int CLOSE_CODE=3;  /*Code indicating a close message*/
/*以下定义消息的结构体类型 */

struct msg{
    int msg; /*Message type*/
    union{
    struct open_msg open_data;
    struct read_msg read_data;
    struct write_msg write_data;
    struct close_msg close_data
    } msg_data;
};
...
```

例 9-15

共用体其实就是将结构体中的各个成员叠加在一起，共用一块存储空间。下面这个例子将展示各个成员互相重叠时候的现象。注意，当为数组元素 about[2] 输入'X'值后，浮点数组元素 coords[2]的值被破坏了。

源程序：

```
#include <stdio.h>
typedef union{
       float coords[3];
       char about[20];
       } assocdata;

typedef struct{
       char *descript;
       int un_type;
       assocdata alsostuff;
       } leaf;

   int main(void)
   {
       leaf oak[3];
       int i;

       printf("Hello World\n");

       for(i=0; i<3; i++){
              oak[i].descript="A Greeting";
              oak[i].un_type=1;
              oak[i].alsostuff.coords[0]=3.14;
              }
       oak[2].alsostuff.about[2]='X';

       for(i=0; i<3; i++){
              printf("%s\n",oak[i].descript);
              printf("%5.2f\n",oak[i].alsostuff.coords[0]);
              }
       return 0;
       }
```

程序运行结果：

```
Hello World
A Greeting
 3.14
A Greeting
 3.14
A Greeting
 3.39
```

可以看出，第三次输出时，3.14 变成了 3.39，这是什么原因呢？就是因为数组 coords 和数组 about 共用一块存储空间。

9.4 枚举类型

在工程实际问题中，有些变量的值只能取一个有限的范围，例如，时间变量中，一年有十二个月，月份的取值只能是这十二个月中的一个；一个星期有七天，某天的星期属性只能是星期一到星期日这七天之一；若汽车的变速箱有六挡，开车的挂档状态只能是前进的一至五挡和一个倒挡之一，等等。如果把描述这些状态的变量声明成整型、字符型或其他已知的数据类型显然是不妥当的。C 语言为这样的变量提供了另外一种由用户自定义的数据类型——“枚举类型”。枚举类型将变量所有可能的值都一一列举出来（枚举），按这种类型定义的变量取值将不能超过这些枚举出来的数值。应当说明的是，枚举类型其实是一种基本数据类型，不是一种构造类型，因为它不能再分解为任何基本类型。不过，在使用上，枚举类型与结构体类型、共用体类型有相似的地方，即都需要先定义类型，再用该类型去定义变量。

9.4.1 枚举类型的定义

例 9-16

源程序：

```
#include <stdio.h>
enum
{
    BELL     ='\a',
    BACKSPACE='\b',
    HTAB     ='\t',
    RETURN   ='\r',
    NEWLINE  ='\n',
    VTAB     ='\v',
    SPACE    =' '
};
enum BOOLEAN{ FALSE=0, TRUE } match_flag;
int main(void)
{
    int index=0;
    int count_of_letter=0;
    int count_of_space=0;
    char str[]="I'm Ely efod";
    match_flag=FALSE;
    for(; str[index]!='\0'; index++)
        if( SPACE!=str[index] )
            count_of_letter++;
        else
        {
            match_flag=(enum BOOLEAN) 1;
            count_of_space++;
        }

    printf("%s %d times %c", match_flag?"match":"not match", count_of_space, NEWLINE);
    printf("count of letters: %d %c%c", count_of_letter, NEWLINE, RETURN);
    return 0;
}
```

程序运行结果：

```
match 2 times
count of letters: 10
```

例 9-17

源程序：

```
#include <stdio.h>
enum DAY{ MON=1, TUE, WED, THU, FRI, SAT, SUN };
int main(void)
{
    int x, y, z;
    enum DAY yesterday, today, tomorrow;

    x=10;
    y=20;
    z=30;
    yesterday=MON;
    today=TUE;
    tomorrow=WED;
    printf("%d %d %d \n", yesterday, today, tomorrow);
    return 0;
}
```

运行这个程序，我们会看到变量 yesterday、 today 和 tomorrow 的输出值分别为 1、2、3。

在以上这两个程序中出现了以前没有见过的关键字 enum 以及相关的语句结构，这些就是这一节要给大家介绍的枚举类型数据及其应用。

枚举类型的定义要用关键字 enum，enum 是英文 enumeration （枚举）一词的缩写。例如，一个表示周几的枚举类型定义为：

```
enum weekday {sun, mon, tue, wed, thu, fri, sat};
```

这里，enum 是枚举类型关键字；weekday 是枚举类型名，可以用于定义枚举变量；大括号内的内容为枚举值表列，是该枚举类型所有可能取值的列表。一般地，枚举类型的定义形式为：

```
enum 枚举类型名{枚举值表列};
```

同样注意，右大括号后面的“;”不能省略。

大括号内的枚举值表列，是一系列用户定义的符号常量，故也称之为枚举常量（或枚举元素）。各个枚举常量以逗号隔开，名称由用户自定，只要符合标识符的命名要求就行。每个枚举常量的值在编译时由系统自动赋予，即第一个枚举常量自动赋予数值 0，第二个自动赋予 1，以后逐项递增。详见后面枚举变量的说明。

9.4.2　枚举变量的定义

定义了枚举类型就可以用来定义枚举变量了。定义枚举变量要用到枚举类型名，一定要把关键字 enum 放在前面，我们可以把“enum 枚举类型名”整体理解为枚举变量的类型名，这也和定义结构体变量和共用体变量时把 struct 和 union 放在前面是一样的道理。

枚举变量的定义形式如下：

```
enum weekday workday, week_end;
```

以上定义了两个枚举变量：workday 和 week_end，它们只能取 sun 到 sat 的值之一，如：

```
weekday=mon;
week_end=sun;
```

若赋值号右边出现该枚举类型中没有的符号常量，将产生错误。

枚举变量的定义也和结构体变量、共用体变量一样，可以有多种形式，即除上述方法定义外，还可以在定义枚举类型时定义：

```
enum weekday {sun, mon, tue, wed, thu, fri, sat} workday, week_end;
```

或者省略枚举类型名定义：

```
enum {sun, mon, tue, wed, thu, fri, sat} workday, week_end;
```

都定义了与上述方法相同的两个枚举变量 workday 和 week_end。

说明：

（1）枚举元素是常量。在 C 编译器中，按定义的顺序取值 0，1，2…。即第一个枚举元素值为 0，第二个为 1，依此类推。

例如：

```
weekday=mon;
printf("%d", weekday);
```

将输出整数 1。

（2）枚举元素是常量（枚举常量），不是变量，因此不能赋值。

```
sun=0; mon=1;
```

但在定义枚举类型时，可以指定枚举常量的值，如：

```
enum weekday {sun, mon=3, tue, wed, thu=2, fri, sat};
```

此时，sun 的值为 0，但 mon 的值为 3，tue、wed 的值依次递增为 4、5，thu 初始化为 2 后，fri 和 sat 的值又依次递增为 3 和 4。

（3）枚举值可以作判断，例如：

```
if (weekday==mon)...
if (weekday>sun)...
```

（4）整型与枚举类型是不同的数据类型，不能直接赋值。如：

workday=2; 是错误的！因为 workday 是枚举类型变量。但可以通过强制类型转换赋值，如：

```
workday=(enum weekday)2;
```

（5）枚举元素不是字符常量也不是字符串常量，所以使用时不需加上单引号或者双引号。

9.4.3 枚举类型的应用

例 9-18 在服装、艺术等设计工程中，对颜色的选择和使用具有极端的重要性。下面这个程序将利用枚举类型来显示多种颜色名称与对应的植物颜色之间的关系，请注意看程序中如何使用枚举常量和变量。

源程序：

```
#include <stdio.h>
#include <string.h>      /*用来调用 strcmp()函数*/

enum spectrum {red, orange, yellow, green, blue, violet}; /* 定义枚举类型 */
const char * colors[]={"red", "orange", "yellow", "green", "blue", "violet"};
```

```
            /*定义了一个常量字符型指针数组，分别指向各种颜色的字符串常量，用来和用
户输入的颜色字符串常量进行比较*/
#define LEN 30

int main(void)
{
    char choice[LEN];
    enum spectrum color;
    int color_is_found=0;

    puts("Enter a color (empty line to quit):");
    while (gets(choice)!=NULL&&choice[0]!='\0')
    {
        for (color=red; color<=violet; color++)
        {
            if (strcmp(choice, colors[color])==0)
            {
                color_is_found=1;
                break;
            }
        }
        if (color_is_found)
            switch(color)
            {
                case red: puts("Roses are red."); break;
                case orange: puts("Poppies are orange."); break;
                case yellow: puts("Sunflowers are yellow."); break;
                case green: puts("Grass is green."); break;
                case blue: puts("Bluebells are blue."); break;
                case violet: puts("Violets are violet."); break;
            }
        else
            printf("I don't know about the color %s.\n", choice);
        color_is_found=0;
        puts("Next color, please(empty line to quit):");
    }
    puts("Goodbye!");

    return 0;
}
```

程序说明：

（1）程序定义了一个外部的枚举类型，并据此定义了一个枚举变量 color，程序中利用 color 的值来循环地引用指针数组中各元素。

（2）程序又定义了一个字符型指针数组（各元素都是可以指向字符串的指针变量，但这些

指针变量又被定义成 const 类型，所以是字符指针常量，只能指向唯一的字符串）。该数组被赋以初值——各种颜色字符串指针的集合。注意，各颜色字符串的排列顺序与枚举常量中的颜色值完全一致，即指针数组元素的下标值与枚举常量的值完全一致。这就为循环处理提供了方便。

（3）choice 数组用来接收用户输入的颜色字符串常量。

（4）while 语句的循环条件中，gets(choice) != NULL 要求函数 gets()正确接收一个字符串，否则错误，结束循环；choice[0] != '\0'部分要求该字符串不能为空，若开始输入时直接按回车键就会为空，这也要退出循环。两个条件要同时成立才能进行循环。

（5）内嵌的 for 循环语句功能是要查找字符串数组中哪项和用户输入的内容相符。利用了枚举常量做下标，直观而巧妙。一旦找到（strcmp()返回 0），马上结束 for 循环。

（6）找到符合的字符串，就用一个 switch 语句输出一句对应的话，这里又是利用此刻的 color 值确定输出内容。再提示输入新的颜色名称。直至输入空字符串（按回车）结束循环。

该程序的输出结果如下：

其中，因为颜色 purple 未编写在程序中，所以提示不能辨识。

```
Enter a color (empty line to quit):
blue
Bluebells are blue.
Next color, please (empty line to quit):
orange
Poppies are orange.
Next color, please (empty line to quit):
purple
I don't know about the color purple.
Next color, please (empty line to quit):
Goodbye!
```

9.5 typedef 的使用方法

C 语言不仅提供了丰富的数据类型，还允许用户用另外的别名来替代和简化这些数据类型。这进一步为工程设计编程提供了方便。关键字 typedef 就是用来定义一种新的数据类型名以替代已有数据类型。

9.5.1 利用 typedef 定义类型名

利用 typedef 定义新的类型名的一般形式为：

```
typedef 原类型名  新类型名
```

例如：

```
typedef int INTEGER;
typedef float REAL;
```

第一行定义了新数据类型 INTEGER，它代表已有数据类型 int；第二行定义了新数据类型 REAL，它代表已有数据类型 float。

经过上述定义后，以下两行语句等价：

```
Int i, j; float a, b;
INTEGER i, j; REAL  a, b;
```

如此，我们可以用我们喜欢的、熟悉的或者有个性的名称来替代 C 语言原来的类型名称。

9.5.2 typedef 的典型用法

（1）定义一种新数据类型，新的类型名有明确的含义，专用于某特定功能的变量，使程序更清晰明了。

```
typedef unsigned int size_mem
```

定义 size_mem 数据类型，专用于内存字节计数。

```
    size_mem size; /* 变量size用于内存字节计数 */
typedef int COUNT
```

定义 COUNT 数据类型，专用于计数。

```
COUNT i,j;
```

（2）简化数据类型的书写。

```
typedef struct
{
int month;
int day;
int year;
}DATE ;
```

则

```
DATE birthday;
DATE *p;
DATE d[7];
```

分别定义了上述结构体类型的变量 birthday，指向此类结构体类型变量的指针 p 和有七个元素的该类型的结构体数组 d。

```
typedef char NAME[20];
```

表示 NAME 为字符数组类型，数组长度为 20。然后就可以用 NAME 来说明变量。例如：

```
NAME a1, a2, a3, a4;
```

完全等效于

```
char a1[20], a2[20], a3[20], a4[20];
```

习　题

一、选择题

1. 若有下面的结构体类型定义，

```
struct abc
{    int m1; double m2[2]; float m3;
}
```

则 sizeof(struct abc)的值是（　　）。

A. 4　　B. 16　　C. 24　　D. 8

2. 若有下面的共用体类型定义，

```
union abc
{    int m1; double m2[2]; float m3;
}
```

则 sizeof(union abc)的值是（　　）。

A. 4　　B. 16　　C. 24　　D. 8

3. 若有下面的结构体类型定义，能够正确赋值的语句是（　　）。

```
struct ss
{    char name[10]; int age; char sex;
}std[3];
```

A. scanf("%d", &std[0]);　　B. scanf("%d", &std.age);

C. scanf("%d", &std[0].age);　　D. scanf("%d", &std[3].age);

4. 若有下面的结构体类型定义，

```
struct stud
{    int age; char num[10];
};
sruct stud  st[3], *p=st;
```

则下面的表达式中有错误的是（　　）。

A. (p++)->num　　B. p->num　　C. (*p) ->num　　D. st[0].num

5. 若有定义

```
int i;
enum weekday{ mon, tue, wed, thu, fri}workday;
```

则以下（　　）是不正确的。

A. workday=(enum weekday)(4-2);　　B. workday=(4-2);

C. i=tue;　　D. workday=thu;

6. 以下正确地说明了一种新类型名的是（　　）。

A. typedef v1 int;　　B. typedef v2=int;

C. typedef int v3;　　D. typedef v4:int;

7. 若有下面的共用体类型定义，则下面选项中错误的语句是（　　）。

```
union data{ int age; char ch[10];  float b;} u1;
```

A. scanf("%d", &u1.a);　　B. scanf("%s", &u1.ch);

C. scanf("%f", &u1.b);　　D. scanf("%s", u1.ch);

8. 下面对枚举类型的叙述不正确的是（　　）。

A. 定义枚举类型的关键字为 enum

B. 枚举元素是常量

C. 一个整数可以直接赋给一个枚举变量

D. 枚举变量可以参与比较运算

二、编程题

1. 利用结构体类型编制一个程序，实现输入一个学生的数学期中和期末成绩，然后计算并输出其平均成绩。

2. 定义一个名为 time_struct 的结构体类型，其中包括三个成员，int 类型的 hour、minute 和 sencond。在此基础上编写程序，为每一个成员赋值，并以下面的形式将赋值后的时间值显示出来：

16:43:53

3. 用结构体数组初始化建立有三个人的工资登记表，工资表包括姓名、部门、税金等。然后输入其中一个人的姓名，查询其工资情况。

4. 从键盘输入一个字符串，然后按照下面的要求输出一个新的字符串。新字符串是在原字符串中的每两个字符之间插入一个空格，如原来字符串为 abcd，则新的字符串为 ab□□cd（□□表示空格）。要求在函数 insert()中完成新的字符串的产生，并在函数中完成所有相应的输入和输出。

5. 程序功能：定义一个垃圾分类的结构体类型，包括垃圾种类、垃圾数量两个元素。数组 a 中已经存放了某个单位四种垃圾的数量情况。通过自定义 sum()函数计算垃圾总数量，输出每种垃圾的名称、数量，再计算该单位产生的垃圾总额并输出。

运行示例：

第10章 宏定义与文件包含

在前面各章中，已多次使用过以“#”号开头的预处理命令，如包含命令#include，宏定义命令#define 等。在源程序中这些命令都放在函数之外，而且一般都放在源文件的前面，它们称为预处理部分。

所谓预处理是指在进行编译的第一遍扫描（词法扫描和语法分析）之前所做的工作。预处理是C语言的一个重要功能，它由预处理程序负责完成。当对一个源文件进行编译时，系统将自动引用预处理程序对源程序中的预处理部分处理，处理完毕自动进入对源程序的编译。C语言提供了多种预处理功能，如宏定义、文件包含、条件编译等。合理地使用预处理功能编写的程序便于阅读、修改、移植和调试，也有利于模块化程序设计。本章将介绍常用的几种预处理功能。

10.1 宏 定 义

10.1.1 程序解析

例 10-1 计算圆柱体的体积。

源程序：

```
#include <stdio.h>
#define PI 3.142                            /*定义宏 PI=3.142*/
int main(void)
{
    double height,radius,volume;
    printf("please input radius and height: \n");
    scanf("%lf%lf",&radius,&height);     /*输入圆柱体的半径和高*/
    volume=PI*radius*radius*height;      /*用公式计算体积*/
    printf("Volume=%.3f\n",volume);
    return 0;
}
```

程序运行结果：

```
输入：2 5
输出：Volume=62.840
```

程序分析：

程序中，用#define PI 3.142 定义了一个符号常量 PI=3.142。在程序运行时，凡是出现 PI 的地方都用 3.142 来代替，这样，符号常量 PI 就等同于实型常量 3.142，能够进行运算。当输入 2 和 5 后，执行 volume=PI*radius*radius*height;就相当于执行 volume=3.142*2*2*5;，输出 Volume=62.840

在 C 语言源程序中允许用一个标识符来表示一个字符串，称为"宏"。C 语言用"define" 宏定义命令进行宏定义，被定义为"宏"的标识符称为"宏名"。在编译预处理时，自动将程序中所有出现的"宏名"，都用宏定义中的字符串去代换，称为"宏替换"或"宏展开"。

宏定义是由源程序中的宏定义命令完成的，宏替换是由预处理程序自动完成的。在 C 语言中，"宏"分为不带参数宏定义和带参数宏定义两种。下面分别讨论这两种"宏"的定义和调用。

10.1.2　无参宏定义

在程序中经常有一些常数是在整个程序中不变化的。例如，例 10-1 中处理数学问题的程序中用到的圆周率 PI 是不变的，可以用一个符号常量 PI 来处理它，在程序中所有地方都用 PI 来表示，进行宏定义的时候可以根据精度要求进行设定。

无参宏的宏名后不带参数，其定义的一般形式为：

```
#define  标识符  字符串
```

其中的"#"表示这是一条预处理命令。凡是以"#"开头的均为预处理命令。"define"为宏定义命令。"标识符"为所定义的宏名。"字符串"可以是常数、表达式、格式串等。

在前面介绍过的符号常量的定义就是一种无参宏定义。此外，常对程序中反复使用的表达式进行宏定义。

例如：

```
#define M (y*y+3*y)
```

它的作用是指定标识符 M 来代替表达式(y*y+3*y)。在编写源程序时，所有的(y*y+3*y)都可由 M 代替，而对源程序作编译时，将先由预处理程序进行宏代换，即用(y*y+3*y)表达式去置换所有的宏名 M，然后再进行编译。

例 10-2

源程序：

```
#include <stdio.h>
#define P (2*x+3)              /*定义宏 P*/
int main(void)
{
  int x,y;
  printf("input a number:  ");
  scanf("%d",&x);
  y=4*P+2*P;                   /*宏调用，需要宏展开*/
  printf("y=%d\n",y);
return 0;
}
```

程序运行结果：

```
输入: 2
输出: y=42
```

上例程序中首先进行宏定义，定义 P 来替代表达式(2*x+3)，在预处理时经宏展开后该语句变为：

```
y=4*(2*x+3)+2*(2*x+3);
```

但要注意的是，宏定义中表达式(y*y+3*y)在替换时两边的括号不能少。

对于宏定义还要说明以下几点：

（1）在宏定义中已经用到的符号不能在函数中再定义。

（2）宏定义是用宏名来表示一个字符串，在宏展开时又以该字符串取代宏名，这只是一种简单的字符串代换，字符串中可以含任何字符，可以是常数，也可以是表达式，预处理程序对它不作任何检查。如有错误，只能在编译已被宏展开后的源程序时发现。

（3）在#define 语句中，宏与字符串之间用空格分隔，在表达式末尾没有分号，不然分号也会被认为是表达式的一部分而出现在程序中宏出现的位置。

（4）宏定义必须写在函数之外，其作用域为宏定义命令起到源程序结束。如要终止其作用域可使用#undef 命令。

例如：

```
#define PI 3.14159
int main(void)
{
  …
}
#undef PI
f1()
{
  …
}
```

表示 PI 只在 main()函数中有效，在 f1()中无效。

（5）如果程序中在双引号中的字符串里出现宏名，则此字符串中的与宏名相同的字符是普通字符，预处理程序不对其作宏代换。

例 10-3

源程序：

```
#include <stdio.h>
#define PI 3.142          /*定义宏 PI*/
int main(void)
{
  printf("PI");           /*此处 PI 包含在“”内，属于普通字符，不进行宏替换*/
  printf("\n");
  return 0;
}
```

程序运行结果：

```
输出：PI
```

上例中定义宏名 PI 表示 3.142，但在 printf()语句中 PI 被引号括起来，因此不作宏代换。程序的运行结果为：PI。这表示把“PI”当作普通字符串处理。

（6）宏定义允许嵌套，在宏定义的字符串中可以使用已经定义的宏名。在宏展开时由预处理程序层层代换。

例如：

```
#define PI 3.1415926
#define S PI*x*x          /* PI 是已定义的宏名*/
```

对语句：
```
printf("%f",S);
```
在宏代换后变为：
```
printf("%f",3.1415926*x*x);
```
（7）习惯上宏名用大写字母表示，以便于与变量区别，但也允许用小写字母。

10.1.3　带参宏定义

C语言允许宏带有参数。在宏定义中的参数称为形式参数，在宏调用中的参数称为实际参数。对带参数的宏，在调用中，不仅要宏展开，而且要用实参去代换形参。

带参宏定义的一般形式为：
```
#define  宏名(形参表)  字符串
```
在字符串中含有各个形参。

带参宏调用的一般形式为：
```
宏名(实参表);
```
例如：
```
#define M(y) y*y+3*y                    /*宏定义*/
  …
k=M(5);                                 /*宏调用*/
  …
```
在宏调用时，用实参 5 去代替形参 y，经预处理宏展开后的语句为：
```
k=5*5+3*5
```
例 10-4
```
#include <stdio.h>
#define MIN(a,b) (a<b)?a:b          /*定义带参数的宏 MIN */
int main(void)
{
  int x,y,min;
  printf("input two numbers: ");
  scanf("%d%d",&x,&y);
  min=MIN(x,y);                     /*宏调用*/
  printf("min=%d\n",min);
return 0;
}
```
程序运行结果：
```
输入：5    8
输出：min=5
```
上例程序的第一行进行带参宏定义，用宏名 MIN 表示条件表达式(a<b)?a:b，形参 a、b 均出现在条件表达式中。程序第 8 行 min=MIN(x,y);为宏调用，实参 x、y 将代换形参 a、b。宏展开后该语句为：
```
min=(x<y)?x:y;
```
用于计算 x、y 中的最小数。

对于带参的宏定义有以下问题需要说明：

（1）带参宏定义中，宏名和形参表之间不能有空格出现。

例如把：

```
#define MIN(a,b) (a<b)?a:b
```

写为：

```
#define MIN (a,b) (a<b)?a:b
```

将被认为是无参宏定义，宏名 MAX 代表字符串 (a,b) (a<b)?a:b。宏展开时，宏调用语句：

```
min=MIN(x,y);
```

将变为：

```
min=(a,b)(a<b)?a:b(x,y);
```

这显然是错误的。

（2）在带参宏定义中，形式参数不分配内存单元，因此不必作类型定义。而宏调用中的实参有具体的值，要用它们去代换形参，因此必须作类型说明。这是与函数中的情况不同的。在函数中，形参和实参是两个不同的量，各有自己的作用域，调用时要把实参值赋予形参，进行"值传递"。而在带参宏中，只是符号代换，不存在值传递的问题。

（3）在宏定义中的形参是标识符，而宏调用中的实参可以是表达式。

例 10-5

源程序：

```
#include <stdio.h>
#define SQ(y) (y)*(y)
int main(void)
{
  int a,sq;
  printf("input a number: ");
  scanf("%d",&a);
  sq=SQ(a+1);
  printf("sq=%d\n",sq);
return 0;
}
```

程序运行结果

```
输入: 3
输出: sq=16
```

上例中第一行为宏定义，形参为 y。程序第 8 行宏调用中实参为 a+1，是一个表达式，在宏展开时，用 a+1 代换 y，再用(y)*(y) 代换 SQ，得到如下语句：

```
sq=(a+1)*(a+1);
```

这与函数的调用是不同的，函数调用时要把实参表达式的值求出来再赋予形参，而宏代换中对实参表达式不作计算直接地照原样代换。

（4）在宏定义中，字符串内的形参通常要用括号括起来以避免出错。在上例的宏定义中(y)*(y)表达式的 y 都用括号括起来，因此结果是正确的。如果去掉括号，把程序改为以下形式：

例 10-6

源程序：

```
#include <stdio.h>
#define SQ(y) y*y
int main(void)
{
  int a,sq;
```

```
  printf("input a number:    ");
  scanf("%d",&a);
  sq=SQ(a+1);
  printf("sq=%d\n",sq);
  return 0;
}
```

程序运行结果：

输入：3

输出：sq=7

同样输入 3，但结果却是不一样的。问题在哪里呢？这是由于代换只作符号代换而不作其它处理而造成的。宏代换后将得到以下语句：

```
sq=a+1*a+1;
```

由于 a 为 3，故 sq 的值为 7。这显然与题意相违，因此参数两边的括号是不能少的。即使在参数两边加括号还是不够的，请看下面程序：

例 10-7

源程序：

```
#include <stdio.h>
#define SQ(y)  (y)*(y)
int main(void)
{
  int a,sq;
  printf("input a number:    ");
  scanf("%d",&a);
  sq=160/SQ(a+1);
  printf("sq=%d\n",sq);
  return 0;
}
```

程序运行结果：

输入：3

输出：sq=160

本程序与例 10-6 相比，只把宏调用语句改为：

```
sq=160/SQ(a+1);
```

运行本程序如输入值仍为 3 时，希望结果为 10。但实际运行的结果确得到 160。为什么会得这样的结果呢？分析宏调用语句，在宏代换之后变为：

```
sq=160/(a+1)*(a+1);
```

a 为 3 时，由于“/”和“*”运算符优先级和结合性相同，则先做 160/(3+1)得 40，再做 40*(3+1)最后得 160。为了得到正确答案应在宏定义中的整个字符串外加括号，程序应修改如下：

例 10-8

源程序：

```
#include <stdio.h>
#define SQ(y)  ((y)*(y))
int main(void)
{
  int a,sq;
  printf("input a number:    ");
  scanf("%d",&a);
  sq=160/SQ(a+1);
```

```
    printf("sq=%d\n",sq);
    return 0;
}
```

程序运行结果：

输入：3

输出：sq=10

以上讨论说明，为了避免宏代换时发生错误，宏定义中的字符串应加括号，字符串中出现的形式参数两边也应加括号。

10.2 文件包含

文件包含是指一个 C 源文件可以使用文件包含命令，将另外一个 C 源文件的全部内容包含进来。

文件包含命令行的一般形式为：

```
#include <文件名>
```

在前面我们已多次用此命令包含过库函数的头文件。例如：

```
#include <stdio.h>
#include <math.h>
```

文件包含命令的功能是把指定的文件插入该命令行位置取代该命令行，从而把指定的文件和当前的源程序文件连成一个源文件。

在程序设计中，文件包含是很有用的。一个大的程序可以分为多个模块，由多个程序员分别编程。有些公用的符号常量或宏定义等可单独组成一个文件，在其它文件的开头用包含命令包含该文件即可使用。这样，可避免在每个文件开头都去书写那些公用量，从而节省时间，并减少出错。

例 10-9 给定期望、方差和样本数量，用 C 语言生成一个正态分布的样本。

源程序：

```
#include <stdio.h>
#include <math.h>
#include <stdlib.h>
#include <time.h>
#define PI 3.1415926
#define A  1/sqrt(2*PI)
int main(void)
{
    int i,n;
    int num[200]={0};
    float qiwang,fangcha;
    double shu[100]={0.0};
    double biaozhuncha,temp,x;
    printf("input your qiwang:\n");
    scanf("%f",&qiwang);
    printf("input your fangcha:\n");
    scanf("%f",&fangcha);
    printf("input you number of yangbendian(<=200)\n");
    scanf("%d",&n);
    biaozhuncha=sqrt(fangcha);              /*sqrt()为一个数学函数*/
    for(i=0;i<=n;i++)
```

```
        {
            srand((unsigned)time(NULL));        /*time()为一个时间函数*/
            x = rand()/10000.0;             /*rand()为一个随机函数*/
            x=x*pow(-1,rand());
            temp=-pow((x-qiwang),2)/(2*fangcha);
            shu[i]=A/biaozhuncha*exp(temp);
        }
    for(i=0;i<=n;i++)
    {
      printf("   %-3d",num[i]);
      printf("   %5.5f",shu[i]);
      if(i%5==4) printf("\n");
    }
    return 0;
}
```

该程序中，用到了 4 个文件包含命令：

```
#include <stdio.h>
#include <math.h>
#include <stdlib.h>
#include <time.h>
```

其中，#include <stdio.h>和#include <math.h>我们已经很熟悉了：需要用到输入/输出函数时要包含<stdio.h>文件，需要用到数学函数时要包含<math.h>文件。引入#include <stdlib.h>是因为程序用到了随机数发生器的初始化函数 srand()函数和 rand()函数。引入#include <time.h>是因为程序用到了处理时间的函数 time()函数。当然，这些头文件还包含了很多其他重要函数，也还有很多头文件我们还没有遇到过，读者可在今后的编程过程中慢慢学习。

对文件包含命令还要说明以下几点：

（1）包含命令中的文件名可以用双引号括起来，也可以用尖括号括起来，以下写法都是允许的：

```
#include "stdio.h"
#include <math.h>
```

但是这两种形式是有区别的：使用尖括号表示在包含文件目录中去查找（包含目录是由用户在设置环境时设置的），而不在源文件目录去查找；

使用双引号则表示首先在当前的源文件目录中查找，若未找到才到包含目录中去查找。用户编程时可根据自己文件所在的目录来选择某一种命令形式。

（2）一个 include 命令只能指定一个被包含文件，若有多个文件要包含，则需用多个 include 命令。

（3）文件包含允许嵌套，即在一个被包含的文件中又可以包含另一个文件。

（4）文件包含是预处理的一个重要功能，它可用来把多个源文件连接成一个源文件进行编译，结果将生成一个目标文件。

10.3　条件编译

预处理程序提供了条件编译的功能，可以按不同的条件去编译不同的程序部分，因而产生不同的目标代码文件。这对于程序的移植和调试是很有用的。

条件编译有三种形式，下面分别介绍：

1. 第一种形式

```
#ifdef  标识符
  程序段 1
#else
  程序段 2
#endif
```

它的功能是，如果标识符已被 #define 命令定义过则对程序段 1 进行编译；否则对程序段 2 进行编译。如果没有程序段 2（它为空），本格式中的#else 可以没有，即可以写为：

```
#ifdef  标识符
  程序段
#endif
```

例 10-10

源程序：

```
#include <stdio.h>
#define PI 3.14159
int main(void)
{
    int r;
    double area;
    scanf("%d",&r);
    #ifdef PI            /*如果定义了 PI，使用定义的值*/
    {   area=PI*r*r;
        printf("PI=%f,area=%f\n",PI,area);
    }
    #else                /*否则，如果没有定义了 PI，使用 3.142*/
    {   area=3.142*r*r;
        printf("PI=%f,area=%f\n",3.142,area);
    }
    #endif
    return 0;
}
```

程序运行结果：

```
输入：2
输出：PI=3.141590,area=12.566360
```

由于在程序的第 8 行插入了条件编译预处理命令，因此要根据 PI 是否被定义过来决定编译哪一个 printf 语句。而在程序的第 2 行已对 PI 进行过宏定义，因此应对第一个 printf 语句作编译，故运行结果是输出了 PI=3.141590,area=12.566360。

在程序的第 2 行宏定义中，定义 PI 表示数值 3.14159。只有取消程序的第 2 行才会去编译第二个 printf 语句。

2. 第二种形式

```
#ifndef 标识符
    程序段 1
#else
    程序段 2
#endif
```

与第一种形式的区别是将“ifdef”改为“ifndef”。它的功能是：如果标识符未被#define 命令定义过，则对程序段 1 进行编译，否则对程序段 2 进行编译。这与第一种形式的功能正好相反。

例 10-11

源程序：

```
#include <stdio.h>
#define PI 3.14159
int main(void)
{
    int r;
    double area;
    scanf("%d",&r);
    #ifndef PI          /*如果没有定义 PI，使用定义的值*/
    {
        printf("PI 未知，无法求面积！\n");
    }
    #else               /*否则，如果定义了 PI，使用定义的值计算面积*/
    {
        area=3.142*r*r;
        printf("PI=%f,area=%f\n",3.142,area);
    }
    #endif
    return 0;
}
```

3. 第三种形式

```
#if 常量表达式
   程序段 1
#else
   程序段 2
#endif
```

它的功能是，如果常量表达式的值为真（非 0），则对程序段 1 进行编译，否则对程序段 2 进行编译。因此可以使程序在不同条件下完成不同的功能。

例 10-12

源程序：

```
#include <stdio.h>
#define R 1
int main(void)
{
  float c,r,s;
  printf ("input a number:  ");
  scanf("%f",&c);
  #if R
    r=3.14159*c*c;
    printf("area of round is: %f\n",r);
  #else
    s=c*c;
```

```
    printf("area of square is: %f\n",s);
  #endif
  return 0;
}
```

程序运行结果：

输入：2

输出：area of round is:12.566360

本例中采用了第三种形式的条件编译。在程序第 2 行宏定义中，定义 R 为 1，因此在条件编译时，常量表达式的值为真，故计算并输出圆面积。

条件编译允许只编译源程序中满足条件的程序段，使生成的目标程序较短，从而减少了内存的开销并提高了程序的效率。

上面介绍的条件编译当然也可以用条件语句来实现，但是用条件语句将会对整个源程序进行编译，生成的目标代码程序很长；而采用条件编译，则根据条件只编译其中的程序段 1 或程序段 2，生成的目标程序较短。如果条件选择的程序段很长，采用条件编译的方法是十分必要的。

习　题

一、选择题

1. 以下说法中正确的是（　　）。

   A. #define 和 printf 都是 C 语句

   B. #define 是 C 语句，而 printf 不是

   C. printf 是 C 语句，但#define 不是

   D. #define 和 printf 都不是 C 语句

2. 有以下程序

```
#include <stdio.h>
#define N  5
#define M  N+1
#define f(x)   (x*M)
int main(void)
{
    int i1,i2;
    i1=f(2);
    i2=f(1+1);
    printf("%d %d\n",i1,i2);
    return 0;
}
```

程序的运行结果是（　　）。

   A. 12 12　　　B. 11 7　　　C. 11 11　　　D. 12　7

3. 有以下程序

```
#include <stdio.h>
#define f(x) (x*x)
int main(void)
```

```
{
    int i1, i2;
    i1=f(8)/f(4);
    i2=f(4+4)/f(2+2);
    printf("%d, %d\n",i1,i2);
     return 0;
}
```

程序运行后的输出结果是（　　）。

A. 64, 28　　B. 4, 4　　C. 4, 3　　D. 64, 64

4. 有以下程序

```
#include <stdio.h>
#define P  3
#define F(int x)  { return (P*x*x);}
int main(void)
{
  printf("%d\n",F(3+5));
  return 0;
}
```

程序运行后的输出结果是（　　）。

A. 192　　B. 29　　C. 25　　D. 编译出错

5. 以下程序的输出结果是（　　）。

```
#include <stdio.h>
#define SQR(X)  X*X
int main(void)
{
    int  a=16, k=2, m=1;
    a/=SQR(k+m)/SQR(k+m);
    printf("%d\n",a);
    return 0;
}
```

A. 16　　B. 2　　C. 9　　D. 1

6. 请读程序:

```
#include <stdio.h>
#define SUB(X,Y) (X)*Y
#include<stdio.h>
int main(void)
{
int a=3, b=4;
printf("%d", SUB(a++, b++));
return 0;
}
```

上面程序的输出结果是（　　）。

A. 12　　B. 15　　C. 16　　D. 20

7. 以下程序运行后，输出结果是（　　）。

```
#include <stdio.h>
#define PT 5.5
#define S(x) PT*x*x
```

```
int main(void)
{
    int a=1,b=2;
    printf("%4.1f\n",S(a+b));
    return 0;
}
```

A. 49.5　　B. 9.5　　C. 22.0　　D. 45.0

8. 设有以下宏定义：

```
#define N 3
#define Y(n)((N+1)*n)
```

则执行语句：z=2 *(N+Y(5+1));后，z 的值为（　　）。

A. 出错　　B. 42　　C. 48　　D. 54

二、编程题

1. 定义一个不带参数的宏 PI=3.14158，输如圆柱体的半径 r 和高 h，输出圆柱体的体积。

2. 定义一个带参数的宏，使两个参数的值互换。在主函数中输入两个数作为使用宏的实参，输出已交换后的两个值。

3. 定义一个宏，能找出三个数的最大值。

4. 定义一个宏 LeapYear(x)，判断 x 是否为闰年。

5. 设计输出实数的格式，包括：① 一行输出一个实数；② 一行内输出两个实数；③ 一行内输出三个实数。实数用%6.2f 格式输出。用一个文件 printf_format.h 包含以上用#define 命令定义的格式，编写一程序，将 printf_format.h 包含到程序中，在程序中用 scanf()函数读入三个实数给 f1、f2、f3，然后用上面定义的三格式分别输出：

```
f1;
f1, f2;
f1, f2, f3。
```

第11章　文件

在前面各章的编程实践中，大部分的程序都要求从键盘输入数据。在调试过程中，每运行一次程序都要输入一次数据，相当麻烦。尤其是在做结构体题目时，要求输入的数据量比较大，不管是输入数据过程出错还是程序出错，均要求将大量的数据一遍一遍地重新输入。实际上，在实际应用计算机软件过程中，都需要处理大量的数据，这些数据通常是存放在磁盘上的数据文件。这一章，我们学习如何使用 C 语言对文件进行操作。

11.1　将“欢迎卓越工程师”写入文件

11.1.1　程序解析

例 11-1　将 “欢迎卓越工程师”写入指定的文件中。

源程序：

```
#include <stdio.h>
#include <stdlib.h>
int main(void)
{
    FILE *fp;                    /*定义文件指针*/
    char ch,filename[10];
    scanf("%s",filename);        /*输入需要保存的文件名（如 file.txt）*/
    if((fp=fopen(filename,"w"))==NULL){        /*打开文件 */
        printf("File open error!\n");
        exit(0);
    }
    ch=getchar();                /*此语句用来接收在执行 scanf 语句时最后输入的回车符*/
    ch=getchar();                /*接收从键盘输入的第一个字符*/
    while(ch!='#')               /*程序当输入#时结束循环*/
    {
        fputc(ch,fp);            /*向磁盘文件写入一个字符*/
        putchar(ch);             /*将字符显示在屏幕上*/
        ch=getchar();            /*继续接收从键盘输入的下一个字符*/
    }
        if(fclose(fp)){                          // 关闭文件
```

```
        printf("Can not close the file!\n");
        exit(0);
    }
    return 0;
}
```

程序运行结果：

```
输入：file1.txt
      欢迎卓越工程师！#
输出：欢迎卓越工程师！
```

并且在源程序目录下生成了一个文本文件 file1.txt，写入了一行文字“欢迎卓越工程师!”（如果文件 file1.txt 已存在，程序将删除原有文件后，重新建立一个新文件）

11.1.2 C文件概述

所谓“文件”是指一组相关数据的有序集合。文件通常是驻留在外部介质（如磁盘等）上的，在使用时才调入内存中来。从不同的角度可对文件作不同的分类。从用户的角度看，文件可分为普通文件和设备文件两种。

普通文件是指驻留在磁盘或其他外部介质上的一个有序数据集，可以是源文件、目标文件、可执行程序；也可以是一组待输入处理的原始数据，或者是一组输出的结果。对于源文件、目标文件、可执行程序可以称作程序文件，对输入/输出数据可称作数据文件。

设备文件是指与主机相连的各种外围设备，如显示器、打印机、键盘等。在操作系统中，把外围设备也看作是一个文件来进行管理，把它们的输入、输出等同于对磁盘文件的读和写。

通常把显示器定义为标准输出文件，一般情况下在屏幕上显示有关信息就是向标准输出文件输出。如前面经常使用的 printf()，putchar()函数就是这类输出。

键盘通常被指定为标准的输入文件，从键盘上输入就意味着从标准输入文件上输入数据。scanf()，getchar()函数就属于这类输入。

从文件编码的方式来看，文件可分为 ASCII 码文件和二进制码文件两种。ASCII 码文件也称为文本文件，这种文件在磁盘中存放时每个字符对应一个字节，用于存放对应的 ASCII 码。

例如，数 5678 的存储形式为：

ASCII 码：	00110101	00110110	00110111	00111000
	↓	↓	↓	↓
十进制码：	5	6	7	8

共占用 4 个字节。

ASCII 码文件可在屏幕上按字符显示，例如，源程序文件就是 ASCII 文件，用 DOS 命令 TYPE 可显示文件的内容。由于是按字符显示，因此能读懂文件内容。

二进制文件是按二进制的编码方式来存放文件的。

例如，数 5678 的存储形式为：

00010110 00101110

只占二个字节。二进制文件虽然也可在屏幕上显示，但其内容无法读懂。C 系统在处理这些文件时，并不区分类型，都看成是字符流，按字节进行处理。

11.1.3 文件指针

在C语言中用一个指针变量指向一个文件，这个指针称为文件指针。通过文件指针就可对它所指的文件进行各种操作。

定义说明文件指针的一般形式为：

```
FILE *指针变量标识符;
```

其中 FILE 应为大写，它实际上是由系统定义的一个结构体，该结构体中含有文件名、文件状态和文件当前位置等信息。在编写源程序时不必关心 FILE 结构体的细节。

例如：

```
FILE *fp;
```

表示 fp 是指向 FILE 结构体的指针变量，通过 fp 即可找到存放某个文件信息的结构体变量，然后按结构体变量提供的信息找到该文件，实施对文件的操作。习惯上也笼统地把 fp 称为指向一个文件的指针。

11.1.4 文件的打开与关闭

文件在进行读/写操作之前要先打开，使用完毕要关闭。所谓打开文件，实际上是建立文件的各种有关信息，并使文件指针指向该文件，以便进行其他操作。关闭文件则断开指针与文件之间的联系，也就禁止再对该文件进行操作。

在C语言中，文件操作都是由库函数来完成的。在本章内将介绍主要的文件操作函数。

1. 文件打开函数

fopen()函数用来打开一个文件，其调用的一般形式为：

```
文件指针名=fopen(文件名,使用文件方式);
```

其中，

“文件指针名”必须是被说明为 FILE 类型的指针变量。

“文件名”是被打开文件的文件名。

“使用文件方式”是指文件的类型和操作要求。

例如：

```
FILE *fp;
fp=("file_project","r");
```

其意义是在当前目录下打开文件 file_project，只允许进行“读”操作，并使 fp 指向该文件。

又如：

```
FILE *fp;
fp=("c:\\ file_project ","rb");
```

其意义是打开 C 驱动器磁盘根目录下的文件 file_project，这是一个二进制文件，只允许按二进制方式进行读操作。两个反斜线“\\”是转义字符，表示“\”。

使用文件的方式共有 12 种，见表 11.1。

表 11.1　文件使用方式的符号和意义

文件使用方式	意　义
"rt"	只读打开一个文本文件，只允许读数据
"wt"	只写打开或建立一个文本文件，只允许写数据
"at"	追加打开一个文本文件，并在文件末尾写数据
"rb"	只读打开一个二进制文件，只允许读数据
"wb"	只写打开或建立一个二进制文件，只允许写数据
"ab"	追加打开一个二进制文件，并在文件末尾写数据
"rt+"	读写打开一个文本文件，允许读和写
"wt+"	读写打开或建立一个文本文件，允许读写
"at+"	读写打开一个文本文件，允许读，或在文件末追加数据
"rb+"	读写打开一个二进制文件，允许读和写
"wb+"	读写打开或建立一个二进制文件，允许读和写
"ab+"	读写打开一个二进制文件，允许读，或在文件末追加数据

对于文件使用方式有以下几点说明：

（1）文件使用方式由 r、w、a、t、b、+六个字符拼成，各字符的含义是：

r（read）：读。

w（write）：写。

a（append）：追加。

t（text）：文本文件，可省略不写。

b（binary）：二进制文件。

+：读和写。

（2）凡用"r"打开一个文件时，该文件必须已经存在，且只能从该文件读出。

（3）用"w"打开的文件只能向该文件写入。若打开的文件不存在，则以指定的文件名建立该文件，若需打开的文件已经存在同名文件，则将该同名文件删去，重建一个新文件。

（4）若要向一个已存在的文件追加新的信息，只能用"a"方式打开文件。但此时该文件必须是存在的，否则将会出错。

（5）在打开一个文件时，如果出错，fopen()将返回一个空指针值 NULL。在程序中可以用这一信息来判别是否完成打开文件的工作，并作相应的处理。因此常用以下程序段打开文件：

（6）
```
if((fp=fopen("c:\\ file_project ","rb")==NULL)
{
 printf("\nerror on open c:\\ file_project!");
 getch();
 exit(1);
}
```

这段程序的意义是，如果返回的指针为空，表示不能打开 C 盘根目录下的 file_project 文件，则给出提示信息"error on open c:\ file_project!"，下一行 getch()的功能是从键盘输入一个字符，但不在屏幕上显示。在这里，该行的作用是等待，只有当用户从键盘敲任一键时，程序才继续执行，因此用户可利用这个等待时间阅读出错提示。敲键后执行 exit(1)退出程序。

（7）把一个文本文件读入内存时，要将 ASCII 码转换成二进制码，而把文件以文本方式写入磁盘时，也要把二进制码转换成 ASCII 码，因此文本文件的读/写要花费较多的转换时间。对二进制文件的读/写不存在这种转换。

（8）标准输入文件（键盘），标准输出文件（显示器），标准出错输出（出错信息）是由系统打开的，可直接使用。

2. 文件关闭函数

文件一旦使用完毕，需要采用关闭文件函数把文件关闭，以避免文件的数据丢失等错误。

fclose 函数调用的一般形式是：

```
fclose(文件指针);
```

例如：

```
fclose(fp);
```

正常完成关闭文件操作时，fclose()函数返回值为 0。如返回非零值则表示有错误发生。

11.2 文件的读写——读取工程文件

11.2.1 程序解析

例 11-2 一些工程控制命令存放在文件 project.data 中，包含数字命令和命令名，编写程序读取工程文件中的各项命令。文件中数据如下：

```
1    通电
2    开机
3    加速
4    暂停
5    减速
6    关机
7    断电
```

源程序：

```
#include <stdio.h>
#include <stdlib.h>
int main(void)
{
    FILE * fp;                                    /*定义文件指针*/
    int number;
    char commandname[20];
   if((fp=fopen("project.data", "r"))==NULL){        /*打开文件*/
       printf("File open error!\n");
       exit(0);
   }
       while( !feof(fp) ){                          /*读取文件一直到文件尾部*/
       fscanf(fp, "%d%s", &number, commandname);    /*从文件读取变量的值*/
       printf("%d    %s \n", number, commandname);  /*输出变量的值在屏幕上*/
```

```
    }
    if( fclose(fp) ){                                          /* 关闭文件  */
          printf( "Can not close the file!\n" );
          exit(0);
    }
    return 0;
}
```

程序运行结果：

```
输出：
1    通电
2    开机
3    加速
4    暂停
5    减速
6    关机
7    断电
```

对文件的读和写是最常用的文件操作。在C语言中提供了多种文件读写的函数：

- 字符读写函数：fgetc()和 fputc()。
- 字符串读写函数：fgets()和 fputs()。
- 数据块读写函数：freed()和 fwrite()。
- 格式化读写函数：fscanf()和 fprinf()。

下面分别予以介绍，使用以上函数都要求包含头文件 stdio.h。

11.2.2 字符读/写函数 fgetc()和 fputc()

字符读写函数是以字符（字节）为单位的读/写函数。每次可从文件读出或向文件写入一个字符。

1. 读字符函数 fgetc()

fgetc()函数的功能是从指定的文件中读出一个字符，函数调用的形式为：

```
字符变量=fgetc(文件指针);
```

例如：

```
ch=fgetc(fp);
```

其意义是从打开的文件 fp 中读取一个字符并送入 ch 中。

对于 fgetc()函数的使用有以下几点说明：

（1）在 fgetc()函数调用中，读取的文件必须是以读或读/写方式打开的。

（2）读取字符的结果也可以不向字符变量赋值，例如：

```
fgetc(fp);
```

但是读出的字符不能保存。

（3）在文件内部有一个位置指针，用来指向文件的当前读/写字节。在文件打开时，该指针总是指向文件的第一个字节。使用 fgetc()函数后，该位置指针将向后移动一个字节。因此可连续多次使用 fgetc()函数，读取多个字符。应注意文件指针和文件内部的位置指针不是一回事。文件指针是指向整个文件的，须在程序中定义说明，只要不重新赋值，文件指针的值是不变的。文件内部的位置指针用以指示文件内部的当前读/写位置，每读/写一次，该指针均向后移动，它不需在程序中定义说明，而是由系统自动设置的。

例 11-3　读入文件 test，在屏幕上输出。

源程序：

```
#include <stdio.h>
#include <stdlib.h>
int main(void)
{
    FILE *fp;
    char ch;
    if((fp=fopen("test","rt"))==NULL)
    {
        printf("Cannot open file !\n");
        exit(1);
    }
    ch=fgetc(fp);
    while(ch!=EOF)
    {
        putchar(ch);
        ch=fgetc(fp);
    }
    fclose(fp);
    return 0;
}
```

本例程序的功能是从文件中逐个读取字符，在屏幕上显示。程序定义了文件指针 fp，以读文本文件方式打开文件"test"，并使 fp 指向该文件。如果打开文件出错，给出提示并退出程序。程序第 12 行先读出一个字符，然后进入循环，只要读出的字符不是文件结束标志（每个文件末有一结束标志 EOF）就把该字符显示在屏幕上，再读入下一字符。每读一次，文件内部的位置指针向后移动一个字符，文件结束时，该指针指向 EOF。执行本程序将显示整个文件。

2. 写字符函数 fputc()

fputc()函数的功能是把一个字符写入指定的文件中，函数调用的形式为：

```
fputc(字符量，文件指针);
```

其中，待写入的字符量可以是字符常量或变量，例如：

```
fputc('a',fp);
```

其意义是把字符 a 写入 fp 所指向的文件中。

对于 fputc()函数的使用也要说明几点：

（1）被写入的文件可以用写、读/写、追加方式打开，用写或读/写方式打开一个已存在的文件时将清除原有的文件内容，写入字符从文件首开始。如需保留原有文件内容，希望写入的字符从文件末尾开始存放，必须以追加方式打开文件。被写入的文件若不存在，则创建该文件。

（2）每写入一个字符，文件内部位置指针向后移动一个字节。

（3）fputc()函数有一个返回值，如写入成功则返回写入的字符，否则返回一个 EOF。可用此来判断写入是否成功。

例 11-4　从键盘输入一行字符，写入一个文件，再把该文件内容读出显示在屏幕上。

源程序：

```
#include <stdio.h>
#include <stdlib.h>
int main(void)
{
  FILE *fp;
  char ch;
  if((fp=fopen("test","wt+"))==NULL)
  {
    printf("Cannot open file strike any key exit!");
    exit(1);
  }
  printf("input a string:\n");
  ch=getchar();
  while(ch!='\n')
  {
    fputc(ch,fp);
    ch=getchar();
  }
  rewind(fp);
  ch=fgetc(fp);
  while(ch!=EOF)
  {
    putchar(ch);
    ch=fgetc(fp);
  }
  printf("\n");
  fclose(fp);
  return 0;
}
```

程序中第 7 行以读/写文本文件方式打开文件 test。程序第 13 行从键盘读入一个字符后进入循环，当读入字符不为回车符时，则把该字符写入文件之中，然后继续从键盘读入下一字符。每输入一个字符，文件内部位置指针向后移动一个字节。写入完毕，该指针已指向文件末尾。如要把文件从头读出，须把指针移向文件头，程序第 19 行 rewind()函数用于把 fp 所指文件的内部位置指针移到文件头。第 20 至 25 行用于读出文件中的一行内容。

11.2.3 字符串读/写函数 fgets()和 fputs()

1. 读字符串函数 fgets()

函数的功能是从指定的文件中读一个字符串到字符数组中，函数调用的形式为：

```
fgets(字符数组名,n,文件指针);
```

其中的 n 是一个正整数。表示从文件中读出的字符串不超过 n-1 个字符。在读入的最后一个字符后加上串结束标志'\0'。

例如：

```
fgets(str,n,fp);
```

的意义是从 fp 所指的文件中读出 n-1 个字符送入字符数组 str 中。

例 11-5　从 test 文件中读入一个含 10 个字符的字符串。

源程序：

```
#include <stdio.h>
#include <stdlib.h>
int main(void)
{
    FILE *fp;
    char str[11];
    if((fp=fopen("test","rt"))==NULL)
    {
        printf("Cannot open file !\n");
        exit(1);
    }
    fgets(str,11,fp);
    printf("%s\n",str);
    fclose(fp);
    return 0;
}
```

本例定义了一个字符数组 str 共 11 个字节，在以读文本文件方式打开文件 test 后，从中读出 10 个字符送入 str 数组，在数组最后一个单元内将加上'\0'，然后在屏幕上显示输出 str 数组。输出的 10 个字符正是 test 的前 10 个字符。

对 fgets()函数有两点说明：

（1）在读出 n-1 个字符之前，如遇到了换行符或 EOF，则读出结束。

（2）fgets()函数也有返回值，其返回值是字符数组的首地址。

2. 写字符串函数 fputs()

fputs()函数的功能是向指定的文件写入一个字符串，其调用形式为：

```
fputs(字符串,文件指针);
```

其中字符串可以是字符串常量，也可以是字符数组名或指针变量，例如：

```
fputs("abcd",fp);
```

其意义是把字符串"abcd"写入 fp 所指的文件之中。

例 11-6　在例 11-4 中建立的文件 test 中追加一个字符串。

源程序：

```
#include <stdio.h>
#include <stdlib.h>
int main(void)
{
    FILE *fp;
    char ch,st[20];
    if((fp=fopen("test","at+"))==NULL)
    {
        printf("Cannot open file strike any key exit!");
        exit(1);
    }
    printf("input a string:\n");
    scanf("%s",st);
    fputs(st,fp);
```

```
    rewind(fp);
    ch=fgetc(fp);
    while(ch!=EOF)
    {
        putchar(ch);
        ch=fgetc(fp);
    }
    printf("\n");
    fclose(fp);
    return 0;
}
```

本例要求在 test 文件末尾加写字符串，因此，在程序第 7 行以追加读/写文本文件的方式打开文件 test。然后输入字符串，并用 fputs()函数把该串写入文件 test。在程序 15 行用 rewind()函数把文件内部位置指针移到文件首，再进入循环逐个显示当前文件中的全部内容。

11.2.4 数据块读/写函数 fread()和 fwrite()

C 语言还提供了用于整块数据的读/写函数，可用来读写一组数据，如一个数组元素、一个结构体变量的值等。

读数据块函数调用的一般形式为：

```
fread(buffer,size,count,fp);
```

写数据块函数调用的一般形式为：

```
fwrite(buffer,size,count,fp);
```

其中：

buffer：一个指针，在 fread()函数中，它表示存放输入数据的首地址。在 fwrite()函数中，它表示存放输出数据的首地址。

size：表示数据块的字节数。

count：表示要读/写的数据块块数。

fp：表示文件指针。

例如：

```
fread(fa,4,5,fp);
```

其意义是从 fp 所指向的文件中，每次读 4 个字节（一个整数）送入整型数组 fa 中，连续读 5 次，即读 5 个整数到 fa 中。

例 11-7 从键盘输入两个学生数据，写入一个文件中，再读出这两个学生的数据显示在屏幕上。

源程序：

```
#include <stdio.h>
#include <stdlib.h>
struct stu
{
    char name[10];
    int num;
    int age;
    char addr[15];
}stua[2],stub[2],*pp,*qq;
int main(void)
{
    FILE *fp;
```

```
    int i;
    pp=stua;
    qq=stub;
    if((fp=fopen("stu_list","wb+"))==NULL)
    {
        printf("Cannot open file strike any key exit!");
        exit(1);
    }
    printf("\ninput data\n");
    for(i=0;i<2;i++,pp++)
        scanf("%s%d%d%s",pp->name,&pp->num,&pp->age,pp->addr);
    pp=stua;
    fwrite(pp,sizeof(struct stu),2,fp);
    rewind(fp);
    fread(qq,sizeof(struct stu),2,fp);
    printf("\n\nname\tnumber      age       addr\n");
    for(i=0;i<2;i++,qq++)
        printf("%s\t%5d%7d     %s\n",qq->name,qq->num,qq->age,qq->addr);
    fclose(fp);
    return 0;
}
```

本例程序定义了一个结构体 stu，说明了两个结构体数组 stua 和 stub 以及两个结构体指针变量 pp 和 qq。pp 指向 stua，qq 指向 stub。程序第 16 行以读/写方式打开二进制文件 stu_list，输入两个学生数据之后，写入该文件中，然后把文件内部位置指针移到文件头，读出两个学生数据后，在屏幕上显示。

11.2.5　格式化读/写函数 fscanf()和 fprintf()

fscanf()函数、fprintf()函数与前面使用的 scanf()和 printf()函数的功能相似，都是格式化读/写函数。两者的区别在于 fscanf()函数和 fprintf()函数的读/写对象不是键盘和显示器，而是磁盘文件。

这两个函数的调用格式为：

```
fscanf(文件指针,格式字符串,输入表列);
fprintf(文件指针,格式字符串,输出表列);
```

例如：

```
fscanf(fp,"%d%s",&i,s);
fprintf(fp,"%d%c",j,ch);
```

用 fscanf()和 fprintf()函数也可以完成例 11-7 的功能，修改后的程序如例 11-8 所示。

例 11-8　用 fscanf()和 fprintf()函数完成例 11-7 的功能。

源程序：

```
#include <stdio.h>
#include <stdlib.h>
struct stu
{
    char name[10];
    int num;
    int age;
    char addr[15];
}stua[2],stub[2],*pp,*qq;
int main(void)
```

```
{
    FILE *fp;
    int i;
    pp=stua;
    qq=stub;
    if((fp=fopen("stu_list","wb+"))==NULL)
    {
        printf("Cannot open file strike any key exit!");
        exit(1);
    }
    printf("\ninput data\n");
    for(i=0;i<2;i++,pp++)
        scanf("%s%d%d%s",pp->name,&pp->num,&pp->age,pp->addr);
    pp=stua;
    for(i=0;i<2;i++,pp++)
        fprintf(fp,"%s %d %d %s\n",pp->name,pp->num,pp->age,pp->addr);
    rewind(fp);
    for(i=0;i<2;i++,qq++)
        fscanf(fp,"%s %d %d %s\n",qq->name,&qq->num,&qq->age,qq->addr);
    printf("\n\nname\tnumber      age      addr\n");
    qq=stub;
    for(i=0;i<2;i++,qq++)
        printf("%s\t%5d%7d%s\n",qq->name,qq->num, qq->age,qq->addr);
    fclose(fp);
    return 0;
}
```

与例 11-7 相比，本程序中 fscanf()和 fprintf()函数每次只能读/写一个结构体数组元素，因此采用了循环语句来读/写全部数组元素。还要注意指针变量 pp，qq，由于循环改变了它们的值，因此在程序的第 24 和 31 行分别对它们重新赋予了数组的首地址。

11.3 文件的随机读/写

前面介绍的对文件的操作都是顺序读/写，即从文件的第一个数据开始，依次进行读/写，由指向文件的指针自动移位。但在实际对文件的应用中，还往往需要对文件中某个特定的数据进行处理，这就要求对文件具有随机读/写的功能，也就是强制将文件的指针指向用户所希望的指定位置。C 语言对文件的定位提供了三个函数。

11.3.1 改变文件位置指针函数 fseek( )

fseek()函数的调用形式：

```
fseek(fp,offset,position);
```

其中：fp 为文件型指针；position 为起始点，指出以文件的什么位置为基准进行移动。position 的值用整型常数表示。ANSI C 允许它有下列三个值之一：

0：文件的开头。

1：文件的当前位置。

2：文件的末尾。

offset 为位移量，指从起始点 position 到要确定的新位置的字节数。也就是以起点为基准，移动的字节数。ANSI C 要求该参数为长整型量。

fseek()函数的功能是：将文件 fp 的读/写位置指针移到离开起始位置（position）的 offset 字节处的位置；如果函数读/写指针移动失败，返回值为-1。

下面是几个 fseek 函数调用的实例：

```
fseek(fp,50L,0); /* 将位置指针移到文件头起始第 50 个字节处 */
fseek(fp,100L,1); /* 将位置指针从当前位置向前（文件尾方向）移动 100 个字节 */
fseek(fp,-20L,2); /* 将位置指针从文件末尾向后（文件头方向）移动 20 个字节 */
```

例 11-9　读取文件 test，实现对该文件内容的反向显示。

源程序：

```
#include <stdio.h>
#include <stdlib.h>
int main(void)
{
    char c;
    FILE *fp;
    if((fp=fopen("test","r"))==NULL)/*以读方式打开文本文件 */
    {
        printf("Cannot open file.\n");
        exit(1);
    }
    fseek(fp, 0L, 2);    /*定位文件尾。注意此时并不是定位到文件的最后一个*/
                         /*字符，而是在定位文件最后一个字符之后的位置 */
    while((fseek(fp, -1L, 1))!=-1) /*相对当前位置退后一个字节 */
    {
        c=fgetc(fp); putchar (c); /*如果定位成功，读取当前字符并显示 */
                                  /*读取字符成功，文件指针会自动移到下一字符位置 */
        if(c=='\n')               /*若读入是\n 字符 */
            fseek(fp, -2L,1);     /*由于 DOS 在文本文件中要存回车 0x0d 和换行*/
                /*0x0a 两个字符，故要向前移动两个字节 */
        else
            fseek(fp, -1L, 1);    /*文件指针向前移动一个字节，使文 */
    } /*件指针定位在刚刚读出的那个字符 */
    fclose(fp);  /*操作结束关闭文件 */
    return 0;
}
```

11.3.2　位置指针重返文件头函数 rewind( )

rewind()函数的调用形式：

```
rewind(fp);
```

其中，fp 为文件型指针。

rewind()函数的功能是：使 fp 指定的文件的位置指针重新定位到文件的开始位置。

例 11-10　在屏幕上显示文件 file1.cpp 的内容，并将文件 file1.cpp 复制到文件 file2.cpp 中。

源程序：

```
#include <stdio.h>
#include <stdlib.h>
int main(void)
```

```
{
    FILE *fp1,*fp2;
    fp1=fopen("file1.cpp","r");
    fp2=fopen("file2.cpp","w");
    while(!feof(fp1))                    /*完成在屏幕上显示文件 file1.cpp 的内容 */
        putchar(fgetc(fp1));             /*函数 feof()判断文件是否结束 */
    rewind(fp1);    /* 完成操作 1)后，文件 file1.cpp 的指针已指到文件的末尾*/
                    /*为了完成操作 2)，使 file1.cpp 的位置指针重返回文件头 */
    while(!feof(fp1))
        fputc(fgetc(fp1),fp2 );     /*把文件 file1.cpp 的内容复制到 file2.cpp 中 */
    fclose(fp1);                    /*操作结束分别关闭两个文件 */
    fclose(fp2);
    return 0;
}
```

11.3.3 位置指针当前值函数 ftell( )

ftell()函数的调用形式：

```
ftell(fp);
```

其中，fp 为文件指针。

ftell()函数的功能是：得到 fp 所指向文件的当前读/写位置，即位置指针的当前值。该值是一个整型数，是位置指针从文件开始处到当前位置的位移量的字节数。如果函数的返回值为 -1L，表示出错。

例 11-11　首先建立文件 data，检查文件指针位置；将字符串“Sample data”存入文件中，再检查文件指针的位置。

源程序：

```
#include <stdio.h>
#include <stdlib.h>
int main(void)
{
    FILE *fp; long position;
    fp=fopen("test", "w");  /*打开文件 */
    position=ftell(fp);     /*取文件位置指针 */
    printf("position=%ld\n", position);
    fprintf(fp, "Sample data\n"); /*向文件中写入长度为 12 的字符串 */
    position=ftell(fp); /*取文件位置指针 */
    printf("position=%ld\n", position);
    fclose(fp);
    return 0;
}
```

运行程序，结果如下：

```
position=0  /*打开文件时位置指针在文件第一个字符之前 */
position=13 /*写入字符串后位置指针在文件最后一个字符之后 */
```

11.3.4 文件的随机读/写

在移动位置指针之后，即可用前面介绍的任一种读/写函数进行读/写。由于一般是读/写一个数据块，因此常用 fread()和 fwrite()函数。

下面用例题来说明文件的随机读/写。

例 11-12　在学生文件 stu_list 中读出第二个学生的数据。

源程序：

```
#include <stdio.h>
#include <stdlib.h>
struct stu
{
    char name[10];
    int num;
    int age;
    char addr[15];
}stu,*qq;
int main(void)
{
    FILE *fp;
    int i=1;
    qq=&stu;
    if((fp=fopen("stu_list","rb"))==NULL)
    {
        printf("Cannot open file strike any key exit!");
        exit(1);
    }
    rewind(fp);
    fseek(fp,i*sizeof(struct stu),0);
    fread(qq,sizeof(struct stu),1,fp);
    printf("name\tnumber     age   addr\n");
    printf("%s\t%5d\t%5d\t%s\n",qq->name,qq->num,qq->age,qq->addr);
    return 0;
}
```

文件 stu_list 已由例 11-7 的程序建立，本程序用随机读出的方法读出第二个学生的数据。程序中定义 stu 为 stu 类型变量，qq 为指向 stu 的指针。以读二进制文件方式打开文件，程序第 21 行移动文件位置指针。其中的 i 值为 1，表示从文件头开始，移动一个 stu 类型的长度，然后再读出的数据即为第二个学生的数据。

11.4　文件检测函数

C 语言中常用的文件检测函数有以下几个：

11.4.1　文件结束检测函数 feof()

feof 函数调用格式：

```
feof(文件指针);
```

功能：判断文件是否处于文件结束位置，如文件结束，则返回值为 1，否则为 0。

11.4.2 读/写文件出错检测函数 ferror()

ferror 函数调用格式：

```
ferror(文件指针);
```

功能：检查文件在用各种输入/输出函数进行读/写时是否出错。如 ferror 返回值为 0 表示未出错，否则表示有错。

11.4.3 文件出错标志和文件结束标志置 0 函数 clearerr()

clearerr 函数调用格式：

```
clearerr(文件指针);
```

功能：本函数用于清除出错标志和文件结束标志，使它们为 0 值。

文件操作的函数还有很多，在此就不一一列举了，需要的同学请查阅其他相关参考书。

习　　题

一、选择题

1. 若 fp 是指向某文件的指针，且已读到该文件的末尾，则 C 语言函数 feof(fp)的返回值是（　　）。

A. EOF　　B. –1　　C. 非零值　　D. NULL

2. 测试文件是否结束函数的函数名是（　　）。

A. feof　　B. EOF　　C. eof　　D. FEOF

3. 以下叙述中错误的是（　　）。

A. 二进制文件打开后可以先读文件的末尾，而顺序文件不可以

B. 在程序结束时，应当用 fclose()函数关闭已打开的文件

C. 在利用 fread()函数从二进制文件中读数据时，可以用数组名给数组中所有元素读入数据

D. 不可以用 FILE 定义指向二进制文件的文件指针

4. 在文件使用方式中，字符串"rb"表示（　　）。

A. 打开一个已存在的二进制文件，只能读取数据

B. 打开一个文本文件，只能写入数据

C. 打开一个已存在的文本文件，只能读取数据

D. 打开一个二进制文件，只能写入数据

5. 在 C 程序中,可把整型数以二进制形式存放到文件中的函数是（　　）。

A. fprintf()函数　　B. fread()函数

C. fwrite()函数　　D. fputc()函数

6. 若要打开 A 盘上 user 子目录下名为 abc.txt 的文本文件进行读、写操作，下面符合此要求的函数调用是（　　）。

A. fopen("A:\user\abc.txt","r")　　B. fopen("A:\\user\\abc.txt","r+")

C. fopen("A:\user\abc.txt","rb")　　D. fopen("A:\\user\\abc.txt","w")

7. 执行以下程序后，test.txt 文件的内容是（　　）。(若文件能正常打开)

```
#include <stdio.h>
#include <stdlib.h>
int main(void)
{
   FILE *fp;
   char *s1="Fortran",*s2="Basic";
   if((fp=fopen("test.txt","wb"))==NULL)
   {printf("Can't open test.txt file\n");exit(1);}
   fwrite(s1,7,1,fp); /*把从地址 s1 开始的 7 个字符写到 fp 所指文件中*/
   fseek(fp,0L,SEEK_SET); /*文件位置指针移到文件开头*/
   fwrite(s2,5,1,fp);
   fclose(fp);
   return 0;
}
```

A. Basican　　B. BasicFortran　　C. Basic　　D. FortranBasic

8. 有以下程序

```
#include <stdio.h>
int main(void)
{
   FILE *fp;      int a[10]={1,2,3,0,0},i;
   fp=fopen("d2.dat","wb");
   fwrite(a,sizeof(int),5,fp);
   fwrite(a,sizeof(int),5,fp);
   fclose(fp);
   fp=fopen("d2.dat","rb");
   fread(a,sizeof(int),10,fp);
   fclose(fp);
   for(i=0;i<10;i++) printf("%d,",a[i]);
   return 0;
}
```

程序的运行结果是（　　）。

A. 1,2,3,0,0,0,0,0,0,0,　　B. 1,2,3,1,2,3,0,0,0,0,

C. 123,0,0,0,0,123,0,0,0,0,　　D. 1,2,3,0,0,1,2,3,0,0,

二、编程题

1. 读文件 f3.doc，在屏幕上输出。

2. 从键盘输入两个学生数据，写入一个文件中，再读出这两个学生的数据显示在屏幕上。

3. 已知一个文本文件 f1.txt，请将该文件复制一份，保存为 f2.txt。

4. 在学生文件 stu_list 中读出第二个学生的数据。

5. 编程实现从键盘输入一个字符串，将其中的小写字母全部转换成大写字母，然后输出到磁盘文件“test”中保存。输入的字符串以“!”结束。

6. 现有两个文件 fsa 和 fsb，文件 fsa 存放的信息是“Shanghai University of Engineering Science”，文件 fsb 中存放的信息是“I am a student”，现要求将这两个文件中的信息进行合并，最后输出“Shanghai University of Engineering Science I am a student”，并存放到文件 fsc 中去。

7. 程序功能：C 语言程序设计二级考试结束，要求多个学生（总计不超过 100 个学生）对本场试卷的难易程度打分，分数划分为 1～10 这 10 个等级（1 为太简单，10 为太难），输入整数 0 结束，计算平均得分，并将每个人打分的结果用相应个数的*号组成统计图的表示形式存放在文件 file1.txt 中。

输入/输出示例：

```
请对本场试卷的难易程度打分（1为太简单，10为太难）：
第1个学生打分：5
第2个学生打分：9
第3个学生打分：3
第4个学生打分：8
第5个学生打分：2
第6个学生打分：9
第7个学生打分：0
Press any key to continue
```

file1.txt 文件中结果如下：

```
file1 - 记事本
文件(F) 编辑(E) 格式(O) 查看(V) 帮助(H)
第1个学生打分：*****
第2个学生打分：*********
第3个学生打分：***
第4个学生打分：********
第5个学生打分：**
第6个学生打分：*********
难易程度平均得分：6.000000分
```

8. 程序功能：2019 年肆虐的新型冠状病毒，世界卫生组织将其命名为 2019-nCoV。截至 2020 年 7 月 17 日，国内疫情数据如下：

现有确诊 648 人

累计治愈 80476 人

累计死亡 4651 人

境外输入 1998 人

定义一个新冠疫情数据的结构体类型，包括类型、数量两个元素。数组 a 中已经存放了 2020 年 7 月 17 日的数据情况。输出每种类型的名称、数量，并计算出累计确诊的总额（不包含境外输入数量），同时将结果写入文件 file1.txt 中。

附录A ASCII编码表

ASCII 值	字符	控制字符	ASCII 值	字符	ASCII 值	字符	ASCII 值	字符
000	空	NUL	032	空格	064	@	096	`
001		SOH	033	!	065	A	097	a
002		STX	034	"	066	B	098	b
003		ETX	035	#	067	C	099	c
004		EOT	036	$	068	D	100	d
005		END	037	%	069	E	101	e
006		ACK	038	&	070	F	102	f
007	嘟声	BEL	039	'	071	G	103	g
008		BS	040	(	072	H	104	h
009		HT	041	)	073	I	105	i
010	换行	LF	042	*	074	J	106	j
011	起始	VT	043	+	075	K	107	k
012	换页	FF	044	,	076	L	108	l
013	回车	CR	045	-	077	M	109	m
014		SO	046	.	078	N	110	n
015		SI	047	/	079	O	111	o
016		DLE	048	0	080	P	112	p
017		DC1	049	1	081	Q	113	q
018		DC2	050	2	082	R	114	r
019		DC3	051	3	083	S	115	s
020		DC4	052	4	084	T	116	t
021		NAK	053	5	085	U	117	u
022		SYN	054	6	086	V	118	v
023		ETB	055	7	087	W	119	w
024		CAN	056	8	088	X	120	x
025		EM	057	9	089	Y	121	y
026		SUB	058	:	090	Z	122	z
027		ESC	059	;	091	[	123	
028		FS	060	<	092		124	|
029		GS	061	=	093	]	125	
030		RS	062	>	094	^	126	~
031		US	063	?	095	_	127	

附录B　C语言常用的库函数

库函数并不是 C 语言的一部分，它是由编译系统根据一般用户的需要编制并提供给用户使用的一组程序。每一种 C 编译系统都提供了一批库函数，不同的编译系统所提供的库函数的数目和函数名以及函数功能是不完全相同的。ANSI C 标准提出了一批建议提供的标准库函数。它包括了目前多数 C 编译系统所提供的库函数，但也有一些是某些 C 编译系统未曾实现的。考虑到通用性，本附录列出 ANSI C 建议的常用库函数。

由于 C 库函数的种类和数目很多，如还有屏幕和图形函数、时间日期函数、与系统有关的函数等，每一类函数又包括各种功能的函数，限于篇幅，本附录不能全部介绍，只从教学需要的角度列出最基本的函数。读者在编写 C 程序时可根据需要，查阅有关系统的函数使用手册。

1. 数学函数

使用数学函数时，应该在源文件中使用预编译命令：

```
#include <math.h>或#include "math.h"
```

函数名	函数原型	功　能	返回值
acos	double acos(double x);	计算 arccos x 的值，其中 $-1\leqslant x\leqslant 1$	计算结果
asin	double asin(double x);	计算 arcsin$x$ 的值，其中 $-1\leqslant x\leqslant 1$	计算结果
atan	double atan(double x);	计算 arctan$x$ 的值	计算结果
atan2	double atan2(double x, double y);	计算 arctan x/y 的值	计算结果
cos	double cos(double x);	计算 cos x 的值，其中 x 的单位为弧度	计算结果
cosh	double cosh(double x);	计算 x 的双曲余弦 cosh x 的值	计算结果
exp	double exp(double x);	求 e^x 的值	计算结果
fabs	double fabs(double x);	求 x 的绝对值	计算结果
floor	double floor(double x);	求出不大于 x 的最大整数	该整数的双精度实数
fmod	double fmod(double x, double y);	求整除 x/y 的余数	返回余数的双精度实数
frexp	double frexp(double val, int *eptr);	把双精度数 val 分解成数字部分（尾数）和以 2 为底的指数，即 val=x*2^n，n 存放在 eptr 指向的变量中	数字部分 x $0.5\leqslant x<1$
log	double log(double x);	求 ln$x$ 的值	计算结果
log10	double log10(double x);	求 $\log_{10}x$ 的值	计算结果
modf	double modf(double val, int *iptr);	把双精度数 val 分解成数字部分和小数部分，把整数部分存放在 ptr 指向的变量中	val 的小数部分
pow	double pow(double x, double y);	求 x^y 的值	计算结果
sin	double sin(double x);	求 sin x 的值，其中 x 的单位为弧度	计算结果
sinh	double sinh(double x);	计算 x 的双曲正弦函数 sinh x 的值	计算结果
sqrt	double sqrt (double x);	计算 $\sqrt{x}$，其中 $x\geqslant 0$	计算结果
tan	double tan(double x);	计算 tan x 的值，其中 x 的单位为弧度	计算结果
tanh	double tanh(double x);	计算 x 的双曲正切函数 tanh x 的值	计算结果

2. 字符函数

在使用字符函数时，应该在源文件中使用预编译命令：
#include <ctype.h>或#include "ctype.h"

函数名	函 数 原 型	功　能	返 回 值
isalnum	int isalnum(int ch);	检查 ch 是否字母或数字	是字母或数字返回 1，否则返回 0
isalpha	int isalpha(int ch);	检查 ch 是否字母	是字母返回 1，否则返回 0
iscntrl	int iscntrl(int ch);	检查 ch 是否控制字符（其 ASCII 码在 0 和 0xlF 之间）	是控制字符返回 1，否则返回 0
isdigit	int isdigit(int ch);	检查 ch 是否数字	是数字返回 1，否则返回 0
isgraph	int isgraph(int ch);	检查 ch 是否是可打印字符(其 ASCII 码在 0x21 和 0x7e 之间)，不包括空格	是可打印字符返回 1，否则返回 0
islower	int islower(int ch);	检查 ch 是否是小写字母（a~z）	是小字母返回 1，否则返回 0
isprint	int isprint(int ch);	检查 ch 是否是可打印字符(其 ASCII 码在 0x21 和 0x7e 之间)，不包括空格	是可打印字符返回 1，否则返回 0
ispunct	int ispunct(int ch);	检查 ch 是否是标点字符（不包括空格）即除字母、数字和空格以外的所有可打印字符	是标点返回 1，否则返回 0
isspace	int isspace(int ch);	检查 ch 是否空格、跳格符(制表符)或换行符	是，返回 1，否则返回 0
isupper	int isupper(int ch);	检查 ch 是否大写字母（A~Z）	是大写字母返回 1，否则返回 0
isxdigit	int isxdigit(int ch);	检查 ch 是否一个 16 进制数字（即 0~9，或 A 到 F，a~f）	是，返回 1，否则返回 0
tolower	int tolower(int ch);	将 ch 字符转换为小写字母	返回 ch 对应的小写字母
toupper	int toupper(int ch);	将 ch 字符转换为大写字母	返回 ch 对应的大写字母

3. 字符串函数

使用字符串中函数时，应该在源文件中使用预编译命令：
#include <string.h>或#include "string.h"

函数名	函 数 原 型	功　能	返 回 值
memchr	void memchr(void *buf, char ch, unsigned count);	在 buf 的前 count 个字符里搜索字符 ch 首次出现的位置	返回指向 buf 中 ch 的第一次出现的位置指针。若没有找到 ch，返回 NULL
memcmp	int memcmp(void *buf1, void *buf2, unsigned count);	按字典顺序比较由 buf1 和 buf2 指向的数组的前 count 个字符	buf1<buf2，为负数 buf1=buf2，返回 0 buf1>buf2，为正数
memcpy	void *memcpy(void *to, void *from, unsigned count);	将 from 指向的数组中的前 count 个字符拷贝到 to 指向的数组中。From 和 to 指向的数组不允许重叠	返回指向 to 的指针
memove	void *memove(void *to, void *from, unsigned count);	将 from 指向的数组中的前 count 个字符拷贝到 to 指向的数组中。From 和 to 指向的数组不允许重叠	返回指向 to 的指针
memset	void *memset(void *buf, char ch, unsigned count);	将字符 ch 拷贝到 buf 指向的数组前 count 个字符中。	返回 buf
strcat	char *strcat(char *str1, char *str2);	把字符 str2 接到 str1 后面，取消原来 str1 最后面的串结束符“\0”	返回 str1
strchr	char *strchr(char *str,int ch);	找出 str 指向的字符串中第一次出现字符 ch 的位置	返回指向该位置的指针，如找不到，则应返回 NULL

续表

函数名	函数原型	功　能	返　回　值
strcmp	int *strcmp(char *str1, char *str2);	比较字符串 str1 和 str2	若 str1<str2，为负数 若 str1=str2，返回 0 若 str1>str2，为正数
strcpy	char *strcpy(char *str1, char *str2);	把 str2 指向的字符串拷贝到 str1 中去	返回 str1
strlen	unsigned intstrlen(char *str);	统计字符串 str 中字符的个数（不包括终止符“\0”）	返回字符个数
strncat	char *strncat(char *str1, char *str2, unsigned count);	把字符串 str2 指向的字符串中最多 count 个字符连到串 str1 后面，并以 NULL 结尾	返回 str1
strncmp	int strncmp(char *str1,*str2, unsigned count);	比较字符串 str1 和 str2 中至多前 count 个字符	若 str1<str2，为负数 若 str1=str2，返回 0 若 str1>str2，为正数
strncpy	char *strncpy(char *str1,*str2, unsigned count);	把 str2 指向的字符串中最多前 count 个字符拷贝到串 str1 中去	返回 str1
strnset	void *setnset(char *buf, char ch, unsigned count);	将字符 ch 拷贝到 buf 指向的数组前 count 个字符中。	返回 buf
strset	void *setset(void *buf, char ch);	将 buf 所指向的字符串中的全部字符都变为字符 ch	返回 buf
strstr	char *strstr(char *str1,*str2);	寻找 str2 指向的字符串在 str1 指向的字符串中首次出现的位置	返回 str2 指向的字符串首次出向的地址；否则返回 NULL

4. 输入/输出函数

在使用输入/输出函数时，应该在源文件中使用预编译命令：

#include <stdio.h>或#include "stdio.h"

函　数　名	函数原型	功　能	返　回　值
clearerr	void clearer(FILE *fp);	清除文件指针错误指示器	无
close	int close(int fp);	关闭文件（非 ANSI 标准）	关闭成功返回 0，不成功返回-1
creat	int creat(char *filename, int mode);	以 mode 所指定的方式建立文件（非 ANSI 标准）	成功返回正数，否则返回-1
eof	int eof(int fp);	判断 fp 所指的文件是否结束	文件结束返回 1，否则返回 0
fclose	int fclose(FILE *fp);	关闭 fp 所指的文件，释放文件缓冲区	关闭成功返回 0,不成功返回非 0
feof	int feof(FILE *fp);	检查文件是否结束	文件结束返回非 0，否则返回 0
ferror	int ferror(FILE *fp);	测试 fp 所指的文件是否有错误	无错返回 0，否则返回非 0
fflush	int fflush(FILE *fp);	将 fp 所指的文件的全部控制信息和数据存盘	存盘正确返回 0，否则返回非 0
fgets	char *fgets(char *buf, int n, FILE *fp);	从 fp 所指的文件读取一个长度为(n-1)的字符串，存入起始地址为 buf 的空间	返回地址 buf。若遇文件结束或出错则返回 EOF
fgetc	int fgetc(FILE *fp);	从 fp 所指的文件中取得下一个字符	返回所得到的字符。出错返回 EOF
fopen	FILE *fopen(char *filename, char *mode);	以 mode 指定的方式打开名为 filename 的文件	成功，则返回一个文件指针，否则返回 0
fprintf	int fprintf(FILE *fp, char *format,args,...);	把 args 的值以 format 指定的格式输出到 fp 所指的文件中	实际输出的字符数

续表

函数名	函数原型	功能	返回值
fputc	int fputc(char ch, FILE *fp);	将字符ch输出到fp所指的文件中	成功则返回该字符，出错返回EOF
fputs	int fputs(char str, FILE *fp);	将str指定的字符串输出到fp所指的文件中	成功则返回0，出错返回EOF
fread	int fread(char *pt, unsigned size, unsigned n, FILE *fp);	从fp所指定文件中读取长度为size的n个数据项，存到pt所指向的内存区	返回所读的数据项个数，若文件结束或出错返回0
fscanf	int fscanf(FILE *fp, char *format,args,...);	从fp指定的文件中按给定的format格式将读入的数据送到args所指向的内存变量中（args是指针）	以输入的数据个数
fseek	int fseek(FILE *fp, long offset, int base);	将fp指定的文件的位置指针移到base所指出的位置为基准、以offset为位移量的位置	返回当前位置，否则返回-1
ftell	long ftell(FILE *fp);	返回fp所指定的文件中的读写位置	返回文件中的读写位置，否则返回0
fwrite	int fwrite(char *ptr, unsigned size, unsigned n, FILE *fp);	把ptr所指向的n*size个字节输出到fp所指向的文件中	写到fp文件中的数据项的个数
getc	int getc(FILE *fp);	从fp所指向的文件中的读出下一个字符	返回读出的字符，若文件出错或结束返回EOF
getchar	int getchar();	从标准输入设备中读取下一个字符	返回字符，若文件出错或结束返回-1
gets	char *gets(char *str);	从标准输入设备中读取字符串存入str指向的数组	成功返回str，否则返回NULL
open	int open(char *filename, int mode);	以mode指定的方式打开已存在的名为filename的文件（非ANSI标准）	返回文件号（正数），如打开失败返回-1
printf	int printf(char *format,args,...);	在format指定的字符串的控制下，将输出列表args的指输出到标准设备	输出字符的个数。若出错返回负数
prtc	int prtc(int ch, FILE *fp);	把一个字符ch输出到fp所值的文件中	输出字符ch，若出错返回EOF
putchar	int putchar(char ch);	把字符ch输出到fp标准输出设备	返回换行符，若失败返回EOF
puts	int puts(char *str);	把str指向的字符串输出到标准输出设备，将“\0”转换为回车行	返回换行符，若失败返回EOF
putw	int putw(int w, FILE *fp);	将一个整数i（即一个字）写到fp所指的文件中（非ANSI标准）	返回读出的字符，若文件出错或结束返回EOF
read	int read(int fd, char *buf, unsigned count);	从文件号fp所指定文件中读count个字节到由buf知识的缓冲区（非ANSI标准）	返回真正读出的字节个数，如文件结束返回0，出错返回-1
remove	int remove(char *fname);	删除以fname为文件名的文件	成功返回0，出错返回-1
rename	int remove(char *oname, char *nname);	把oname所指的文件名改为由nname所指的文件名	成功返回0，出错返回-1
rewind	void rewind(FILE *fp);	将fp指定的文件指针置于文件头，并清除文件结束标志和错误标志	无
scanf	int scanf(char *format,args,⋯);	从标准输入设备按format指示的格式字符串规定的格式，输入数据给args所指示的单元。args为指针	读入并赋给args数据个数。如文件结束返回EOF，若出错返回0
write	int write(int fd, char *buf, unsigned count);	从buf指示的缓冲区输出count个字符到fd所指的文件中（非ANSI标准）	返回实际写入的字节数，如出错返回-1

5. 动态存储分配函数

在使用动态存储分配函数时，应该在源文件中使用预编译命令：

`#include <stdlib.h>`或`#include "stdlib.h"`

函数名	函数原型	功能	返回值
callloc	void *calloc(unsigned n, unsigned size);	分配 n 个数据项的内存连续空间，每个数据项的大小为 size	分配内存单元的起始地址。如不成功，返回 0
free	void free(void *p);	释放 p 所指内存区	无
malloc	void *malloc(unsigned size);	分配 size 字节的内存区	所分配的内存区地址，如内存不够，返回 0
realloc	void *realloc(void *p, unsigned size);	将 p 所指的以分配的内存区的大小改为 size。size 可以比原来分配的空间大或小	返回指向该内存区的指针。若重新分配失败，返回 NULL

6. 其他函数

有些函数由于不便归入某一类，所以单独列出。使用这些函数时，应该在源文件中使用预编译命令：

`#include <stdlib.h>`或`#include "stdlib.h"`

函数名	函数原型	功能	返回值
abs	int abs(int num);	计算整数 num 的绝对值	返回计算结果
atof	double atof(char *str);	将 str 指向的字符串转换为一个 double 型的值	返回双精度计算结果
atoi	int atoi(char *str);	将 str 指向的字符串转换为一个 int 型的值	返回转换结果
atol	long atol(char *str);	将str指向的字符串转换为一个 long 型的值	返回转换结果
exit	void exit(int status);	中止程序运行。将 status 的值返回调用的过程	无
itoa	char *itoa(int n, char *str, int radix);	将整数 n 的值按照 radix 进制转换为等价的字符串，并将结果存入 str 指向的字符串中	返回一个指向 str 的指针
labs	long labs(long num);	计算 long 型整数 num 的绝对值	返回计算结果
ltoa	char *ltoa(long n, char *str, int radix);	将长整数 n 的值按照 radix 进制转换为等价的字符串，并将结果存入 str 指向的字符串	返回一个指向 str 的指针
rand	int rand();	产生 0 到 RAND_MAX 之间的伪随机数。RAND_MAX 在头文件中定义	返回一个伪随机（整）数
random	int random(int num);	产生 0 到 num 之间的随机数	返回一个随机（整）数
randomize	void randomize();	初始化随机函数，使用时包括头文件 time.h	

附录C　C语言运算符优先级表

优先级	运算符	含义	要求运算符对象的个数	结合方向
1	( )	圆括号		自左向右
	[ ]	下标运算符		
	->	指向结构体成员运算符		
	.	结构体成员运算符		
2	!	逻辑非运算符	1（单目运算符）	自右向左
	~	按位取反运算符		
	++、--	自增、自减运算符		
	-	负号运算符		
	(类型)	强制类型转换运算符		
	*	指针运算符（复引用运算符）		
	&	地址运算符（引用运算符）		
	sizeof()	长度运算符		
3	*、/	乘法、除法运算符		自左向右
	%	求余运算符		
4	+、-	加法、减法运算符		
5	>>、<<	移位运算符		
6	<、<=、>、>=	关系运算符		
7	==、!=	等于、不等于运算符		
8	&	按位与运算符		
9	∧	按位异或运算符		
10	|	按位或运算符		
11	&&	逻辑与运算符		
12	||	逻辑或运算符		
13	?:	条件运算符		自右向左
14	=、+=、-=、*=、/=、%=、>>=、<<=、&=、∧=、|=	赋值运算符		
15	,	逗号运算符（顺序求值）		自左向右

附录D　常见的转义字符

字符形式	功　能	使用举例
\0	字符串结束标志	
\n	换行（ASCII 码为 10）	printf("\n");
\t	横向跳格	printf("\t");
\b	退格	
\r	回车（ASCII 码为 13）	
\f	走纸换页	
\\	字符\（ASCII 码为 92）	'\\'　表示字符 \
\'	单引号	'\''　表示字符 '
\"	双引号	'\"'　表示字符 "
\ddd	用 8 进制表示字符	
\xhh	用 16 进制表示字符	